El mono obeso

Drakontos
Director:
José Manuel Sánchez Ron

El mono obeso

La evolución humana
y las enfermedades de la opulencia: obesidad,
diabetes, hipertensión, dislipemia
y aterosclerosis

José Enrique Campillo Álvarez

CRÍTICA
Barcelona

Primera edición: abril de 2004
Primera edición en esta nueva presentación: febrero de 2025

El mono obeso. La evolución humana y las enfermedades de la opulencia: obesidad, diabetes, hipertensión, dislipemia y aterosclerosis

José Enrique Campillo Álvarez

Av. Diagonal, 662-664, 08034 Barcelona (España)
Crítica es un sello editorial de Editorial Planeta, S. A.

editorial@ed-critica.es
www.ed-critica.es

ISBN: 978-84-9199-617-0
Depósito legal: B. 417-2025
Impresión y encuadernación: Arteos Digital
Printed in Spain - Impreso en España

PEFC Certificado
Este libro procede de bosques gestionados de forma sostenible
PEFC
PEFC/14-38-00305
www.pefc.es

Justificación de la edición actualizada

Han pasado diez años desde que redacté *El mono obeso*. En este tiempo se han acumulado grandes novedades en un campo de la ciencia médica tan dinámico como es el estudio de la prevención y el tratamiento de las llamadas enfermedades de la opulencia. Nuevas investigaciones confirman y amplían la hipótesis central que formula el libro: gran parte de las enfermedades que nos afligen en las sociedades opulentas presentan una incompatibilidad entre nuestro diseño evolutivo y el uso que hacemos de nuestro organismo. Se han producido novedades importantes en relación a qué deberíamos hacer para ajustar nuestra forma de vida de la Era Espacial a nuestros genes y a nuestro diseño de la Edad de Piedra. La aplicación de estas medidas nos proporcionará más salud y más felicidad. La nueva versión modifica algunos aspectos del «cuerpo» de *El mono obeso* con la incorporación de todas estas novedades, pero respeta el «alma» de la obra inicial.

Agradecimientos

En literatura, como en tantas otras cosas, todos somos hijos de alguien. *El mono obeso* es hijo del trabajo concienzudo de tantos investigadores y científicos que durante décadas se han dedicado a desentrañar el misterio de nuestra evolución y de tantos otros que se han empeñado en comprender los mecanismos de la enfermedad, de su tratamiento y de su prevención. De todos ellos he extraído sus ideas y utilizado sus datos para conformar el texto que tienen en sus manos. Mi agradecimiento y reconocimiento a su labor se expresa de la mejor manera posible, como es el resaltar sus importantes contribuciones en la bibliografía que cierra cada capítulo. Asimismo, tengo que agradecer la colaboración de las doctoras M.ª Dolores Torres y M.ª Ángeles Tormo y del doctor F. Carramiñana, colegas investigadores en los estudios realizados en la Facultad de Medicina de la Universidad de Extremadura y que dan apoyo a algunos aspectos de este libro. También quiero agradecer a los doctores J. Millán, L. M. Luengo y A. Jiménez, que han revisado el manuscrito o comentado en largas conversaciones algunos aspectos de la obra. Finalmente, mi agradecimiento a mi editora Carmen Esteban por su confianza y sus acertados consejos.

Introducción

¿De qué nos morimos hoy?

Los seres humanos siempre hemos intentado evitar el sufrimiento, la enfermedad y la muerte. Pero en toda nuestra historia nunca se ha logrado disponer de medios tan eficaces como los que hoy están a nuestro alcance para combatir la enfermedad, mitigar el dolor y retrasar el final inevitable.

Usted y yo, si habitamos en un país de los llamados desarrollados y tenemos un poco de suerte, probablemente superaremos los ochenta años de edad, y la mayor parte de esos años los habremos vivido con una aceptable calidad de vida; a lo sumo habremos padecido algunas enfermedades que la medicina moderna habrá resuelto con eficacia. Sin embargo, esta ventaja es una adquisición muy reciente de los seres humanos.

Hasta hace apenas un siglo, la elevada tasa de mortandad que nos afligía era consecuencia, sobre todo, de las deficientes condiciones higiénicas, de la desnutrición y de las infecciones: el consumo de agua sin potabilizar, el acoso de los parásitos, la precaria alimentación de la mayor parte de la población que ocasionaba la falta de algunos nutrientes esenciales, y los virus y los microbios que atacaban sin descanso y provocaban la aparición de numerosas enfermedades. Estas deficiencias sanitarias y sociales ocasionaron que la esperanza de vida, hasta hace un par de siglos, no superara los cincuenta años de edad.

Esta situación de precariedad sanitaria comenzó a cambiar en la primera mitad del siglo XX. Fue entonces cuando se produjeron una serie de descubrimientos científicos que permitieron atisbar la esperanza de combatir con eficacia las causas principales de tantas enfermedades y sufrimientos que nos afligían en cada etapa de nuestra vida. Ya desde finales del siglo XIX se sabía que las infecciones no se producían por los miasmas ni por los espíritus malignos, sino por la actuación de unos seres vivos muy diminutos llamados microbios. Pronto se desarrolló la técnica de inmunización mediante las vacunas, que protegían frente al ataque de algunos de los microbios más peligrosos, y luego se descubrieron los antibióticos, unas medicinas maravillosas fabricadas por determinados hongos que son capaces de neutralizar y destruir a los microbios dentro de nuestro organismo, sin causarnos ningún daño. Por fin la humanidad había logrado vencer a sus enemigos más feroces, a los agentes causantes de tantas epidemias, que habían diezmado a las poblaciones durante siglos.

También, hacia la mitad del siglo XX, tras la segunda guerra mundial, se produjo una revolución en las técnicas de producción y distribución de alimentos mediante la mecanización y la planificación científica de la agricultura y de la ganadería. Con ello, al menos en una parte del mundo, se vencieron otros de los problemas históricos de la humanidad: el hambre y la desnutrición. El desarrollo de la industria agroalimentaria y de la tecnología de los alimentos permitió que llegara hasta nosotros una gran abundancia y variedad de alimentos, algunos muy calóricos y extremadamente apetecibles. La desnutrición estaba vencida y, en su lugar, comenzó una época de excesos en el aporte de nutrientes y de energía a nuestro organismo; este derroche aún continúa, y se acrecienta de año en año en los países desarrollados, y sobre todo en aquellos en vías de desarrollo como India y China, entre otros.

Y hoy, en los albores del siglo XXI, con la higiene bien establecida entre la población, con la mayor parte de las infecciones bien controladas y con una alimentación variada e ilimitada, la esperanza de vida ha aumentado y muchas personas se enfrentan al último tercio de su vida con buen estado de salud, buena movilidad y ánimo de hacer aún muchas cosas en el tiempo que le reste de vida. Esto ocasiona que gran parte de la población comience a preocuparse por aquellas enfermedades que se desarrollan preferentemente en la edad adulta avanzada, que son las que pueden acortar la vida o reducir su calidad. ¿De qué enfermedades estamos hablando? Fundamentalmente del cáncer, de las enfermedades metabólicas (diabetes, obesidad e hiperlipemia) y, sobre todo, de las enfermedades cardiovasculares, que afectan al corazón, las venas y las arterias y que desencadenan el ictus o accidente vascular cerebral y el infarto de miocardio (cardiopatía coronaria) o las enfermedades de los vasos de las piernas. Podemos asegurar que casi la mitad de la población en los países desarrollados se muere a causa de problemas cardiovasculares. Las autoridades sanitarias internacionales alertan de que la enfermedad cardiovascular, en breve, también acabará sobrepasando a las enfermedades infecciosas como principal causa de muerte en muchos países en desarrollo, como India y China.

Estas enfermedades metabólicas y cardiovasculares son muy poco frecuentes en las sociedades subdesarrolladas, donde la forma de vida se ajusta exclusivamente a un modelo agrícola y ganadero tradicional. Numerosos estudios epidemiológicos han demostrado la relación directa que existe entre estas enfermedades metabólicas y cardiovasculares y el bienestar económico y social. Algunos opinan que las enfermedades metabólicas y cardiovasculares son enfermedades de la hiperalimentación, de la falta de comunicación entre las personas, de la soledad, del sedentarismo, del estrés laboral y del aburrimiento; son enfermedades de la civilización.

Una parábola de la Biblia puede servirnos de ejemplo: imaginemos al rico epulón, sentado permanentemente frente a una mesa repleta de los manjares y de los vinos más deliciosos, que le proporcionaban los criados sin que tuviera que realizar ningún esfuerzo para conseguirlos. Es indudable que el rico epulón, obeso y sedentario, acabaría muriendo de diabetes, hipertensión y problemas cardiovasculares. En contraste, consideremos al pobre Lázaro, que sólo se alimentaba de las migajas que caían de la mesa del rico y a quien conseguirlas le exigía un gran esfuerzo: agacharse, recolectarlas y espantar a los perros competidores. Lázaro tendría una dieta muy variada aunque escasa, realizaría mucha actividad física y estaría protegido contra estos problemas cardiovasculares y metabólicos, aunque podría morir de infecciones o del mordisco de algún animal.

Los problemas del diseño

¿Por qué hay tantas personas obesas? ¿Cuál es la razón de que resulte tan difícil perder el sobrepeso que nos aflige? ¿A qué se debe esta epidemia de diabetes que en el año 2020 afectará a más de trescientos millones de habitantes? ¿Cuál es la razón de que tantas personas mayores de 45 años padezcan hipertensión o que soporten en su sangre cifras muy elevadas de colesterol? Estas son preguntas que interesan tanto a los profesionales de la salud como al público en general. Resulta indispensable encontrar una respuesta adecuada si queremos aventurarnos a formular otras cuestiones de interés más inmediato, como: ¿Qué podemos hacer para evitar o retrasar la aparición de estas enfermedades?

La verdad es que la ciencia médica está apenas vislumbrando una respuesta precisa a estas cuestiones. Uno de los escollos más importantes contra el que tropezamos reiteradamente es el intentar asimilar que las enfermedades que más nos preocupan por encima de los 40 años de edad se puedan desencadenar a causa del bienestar y la buena alimentación. Porque el que uno acabe enfermo trabajando hasta caer exhausto, soportando temperaturas extremas o viviendo meses en condiciones de mala alimentación, o habitando en lugares insalubres, es algo que consideramos lógico, y no le extraña a nadie. Pero el que hoy día la causa principal de enfermedad y mortalidad sea el comer abundantemente y el estar en casa cómodamente sentado mientras vemos la televisión durante horas es algo que resulta difícil de asumir para muchas personas.

A lo largo de las páginas que siguen vamos a intentar responder a cuestiones como las causas y medidas de prevención de la obesidad, la diabetes y el resto de alteraciones que nos agobian en la edad adulta. Para ello recurriremos a los métodos de la llamada medicina darwiniana o medicina evolucionista, que considera que muchas de estas enfermedades que hoy nos afligen resultan de la incompatibilidad entre el diseño evolutivo de nuestros organismos y el uso que hoy le damos.

Nosotros somos el resultado de millones de años de evolución biológica. Nuestros genes han evolucionado adaptando nuestro organismo a las diferentes formas de alimentación, que los cambios en el ambiente impusieron a nuestros ancestros. En consecuencia, nuestro diseño metabólico es el resultado del ajuste continuo a esos cambios. Y ese diseño fue tan eficaz que permitió que nuestra especie evolucionara hasta el estado actual, superando todas las dificultades medioambientales que encontró en su camino de millones de años y desarrollando un cerebro que es una construcción única en el mundo biológico. Pero hoy las circunstancias ambientales y la alimentación someten nuestro diseño evolutivo a un uso inadecuado, y el organismo responde a esa presión con la enfermedad.

A lo largo de las páginas siguientes vamos a recorrer los últimos diez millones de años de nuestra evolución biológica para intentar comprender los cambios en la alimentación que tuvieron que padecer y las adaptaciones metabólicas que tuvieron que superar nuestros antepasados para poder evolucionar en un ambiente hostil y cambiante.

El mono obeso no es un tratado de medicina ni contiene recetas mágicas que puedan suplantar el tratamiento de un médico experto; sólo pretende ser un acicate para la reflexión, un estímulo para considerar la enfermedad y su prevención desde una perspectiva novedosa. Hoy día los ciudadanos quieren ser gestores de su propio bienestar, quieren colaborar de manera activa con el personal sanitario en el tratamiento y prevención de las enfermedades crónicas que les afectan o que les acechan a la vuelta de la esquina de cada año.

En este siglo XXI recién estrenado todos deseamos que nuestra vida sea más larga, que nuestra imagen sea más saludable y juvenil y que gocemos de una buena capacidad física y de suficiente bienestar; no se trata sólo de añadir años a la vida, sino también vida a los años. Por eso *El mono obeso* proporciona los datos y un nuevo punto de vista que permitan que cualquier persona interesada encuentre el camino para ponerse en paz con su diseño evolutivo y conseguir que sus genes de la Era Prehistórica y su forma de vida de la Era Espacial estén en armonía y así gozar de una vida un poco más saludable y, si es posible, más feliz.

1

Síndrome Metabólico: el enemigo público número uno

Las enfermedades de la opulencia

Aunque sea de una forma somera vamos a analizar algunas de las características que definen a estas enfermedades metabólicas y cardiovasculares que constituyen la principal causa de muerte en los países más desarrollados. Son, principalmente, la diabetes, la obesidad, la dislipemia, la aterosclerosis y la hipertensión.

La diabetes mellitus

La diabetes mellitus es una enfermedad crónica que se caracteriza por un aumento de la cantidad de glucosa en la sangre. En muchos países, la diabetes afecta a más del 4 por 100 de la población y consume hasta el 10 por 100 de sus recursos sanitarios. El crecimiento de la implantación de la diabetes mellitus entre la población hace que se le considere como un fenómeno epidémico, una de las pandemias del siglo XXI. La cifra mundial de personas con diabetes crecerá desde los 150 millones que se estiman en la actualidad hasta más de 300 millones en 2025, y el incremento más llamativo se producirá en países como China e India.

La diabetes a la que nos vamos a referir a lo largo de las páginas siguientes es la llamada diabetes tipo 2, la más frecuente (90 por 100 de todos los casos de diabetes). La diabetes tipo 2 aparece sobre todo en las personas adultas, de más de cincuenta años, aunque recientemente se observa una tendencia a afectar a grupos de edad cada vez más jóvenes incluyendo a adolescentes y a niños. Esta aparición precoz de la diabetes tipo 2 es una consecuencia de uno de los problemas que afecta a los niños sedentarios y comilones de dulces y bollería en las sociedades desarrolladas: la obesidad infantil.

La diabetes tipo 2 se asocia casi siempre a estilos de vida sedentarios y a la obesidad y no necesita tratamiento con la hormona insulina, al menos en sus comienzos. La diabetes tipo 1, muy poco frecuente, es la diabetes aguda que afecta a niños y jóvenes y siempre requiere insulina para su tratamiento. Los dos tipos de diabetes tienen causas diferentes, pero comparten el que en ellas se produce una alteración de la asimilación de los azúcares, especialmente de la glucosa; las células del organismo no pueden metabolizar este azúcar de forma adecuada, y por eso se acumula en la sangre (hiperglucemia) y puede llegar a rebosar por el riñón y aparecer en la orina (glucosuria). Se debe sospechar una alteración de la tolerancia a la glucosa si la glucemia basal en ayunas supera los 120 mg/dl.

La diabetes tipo 2, si no se trata correctamente, favorece el desarrollo de problemas cardiovasculares. La principal causa de muerte en el diabético tipo 2 sin tratamiento es el infarto de miocardio. La diabetes tipo 1 no se puede prevenir. Por el contrario, está claro que existen numerosos factores ambientales que pueden influir en la aparición de la diabetes tipo 2, la mayor parte de los cuales (exceso de peso, sedentarismo, abuso en el consumo de azúcares) se puede atenuar mediante una educación sanitaria adecuada.

La obesidad

La obesidad es otro de los problemas graves de salud que también está adquiriendo tintes epidémicos en las sociedades desarrolladas y que no sólo afecta a los adultos, sino que también comienza a cebarse en las poblaciones de niños y adolescentes y desencadena esta epidemia creciente de obesidad infantil. La obesidad siempre se debe a un exceso de acumulación de grasa en nuestro cuerpo. Pero el exceso de grasa se distribuye por nuestro organismo de acuerdo a dos patrones fundamentales: el patrón androide o en manzana, que es la acumulación de grasa en la parte central del cuerpo, sobre todo en el vientre, y el patrón ginoide o en pera, que se caracteriza por la acumulación de la grasa en la parte inferior del cuerpo, en muslos y caderas. Todo exceso de peso merma la salud y predispone a numerosas enfermedades, pero aquella obesidad en la que la grasa se acumula en la barriga es un factor de riesgo cardiovascular de primera magnitud, sobre todo si se combina con otros factores como el tabaquismo, la hipertensión o la diabetes.

Hoy se define el exceso de peso mediante el llamado «Índice de Masa Corporal» (IMC) que se obtiene dividiendo el peso en kilogramos por la talla expresada en metros, elevado al cuadrado. Se consideran valores normales de IMC los inferiores a 25; cifras hasta 29 indican la existencia de un sobrepeso, y los valores a partir de 30 se diagnostican como obesidad. Estos valores sólo sirven para adultos, por encima de los 18 años de edad. Por debajo de esta edad se debe recurrir a las tablas de percentiles correspondientes. Estas tablas, para los niños españoles, se pueden consultar por Internet en el programa Perseo del Ministerio de Sanidad y Consumo.

El grado de obesidad central o androide se valora a través de la medida del perímetro de la cintura, lo que se puede hacer mediante una cinta métrica, situándola un centímetro por debajo del borde de las costillas. Se consideran valores normales hasta 102 cm en el hombre y hasta 88 cm en la mujer. Por encima de estos límites se diagnostica sobrepeso u obesidad central o androide en uno u otro género, respectivamente.

La hiperlipemia

Los términos hiperlipemia o dislipemia hacen referencia a las alteraciones de la cantidad de lípidos (grasas) que circulan por la sangre. Por el interior de nuestras arterias y venas viajan dos tipos fundamentales de lípidos: los triglicéridos y el colesterol. Estas grasas, como todas las grasas, son insolubles en agua y, por ello, no pueden disolverse en la sangre. No tienen más remedio que navegar por el interior de los vasos sanguíneos utilizando las lipoproteínas, unas embarcaciones que las trasportan. Los triglicéridos viajan fundamentalmente en unas lipoproteínas llamadas VLDL y en los quilomicrones. El colesterol utiliza dos tipos de lipoproteínas, las LDL y las HDL. Las LDL son, en términos sencillos, las embarcaciones que transportan el colesterol que puede pegarse a la pared de las arterias; por eso se califica popularmente a ese colesterol, que viaja en las LDL, como «colesterol malo». Las HDL son las embarcaciones que transportan el colesterol desde las arterias hasta el hígado y se le denomina «colesterol bueno», ya que cuanto más haya en la sangre, menos riesgo cardiovascular existirá. Los valores de colesterol «bueno» en HDL (mg/dl) deben de ser superiores a cuarenta en el hombre y cincuenta en la mujer. Los valores de triglicéridos deben ser inferiores a 150 mg/dl para ambos géneros.

La aterosclerosis

En algunos adultos, las grasas perjudiciales están aumentadas por encima de los valores normales y pueden depositarse en las paredes de las arterias, junto con calcio, bacterias y células, para formar unas placas gruesas y rugosas que constituyen lo que se denomina aterosclerosis. Estas placas van creciendo y atascando las arterias hasta que la sangre casi no puede pasar por su interior. Si este atranque ocurre en una de las arterias del corazón (las coronarias), una parte del músculo cardíaco se queda sin recibir sangre y se muere (infarto); si el atasco ocurre en una arteria del cerebro, se muere el tejido cerebral afectado (ictus).

La hipertensión

Otra de las enfermedades que acelera el proceso de la aterosclerosis y que favorece la enfermedad cardiovascular es la hipertensión. Se le denomina el enemigo silencioso, porque puede estar causando daño en nuestro organismo durante años, sin apenas producir síntomas. La hipertensión afecta a una elevada proporción de las personas mayores de cincuenta años y es uno de los principales factores que pueden desencadenar la enfermedad cardiovascular. Por ello, un control anual de la presión arterial sería una práctica preventiva muy recomendable por encima de los treinta años. En niños con sobrepeso u obesidad el pediatra debería medir la presión arterial, ya que ésta suele estar alterada.

La sangre circula dentro de nuestras arterias a emboladas, cuando llega el chorro de sangre que bombea el corazón las paredes de las arterias se distienden para acumular la sangre y se alcanza en sus paredes una presión que es la máxima, la más elevada. Esta presión no debe sobrepasar los 135 mmHg. Cuando la arteria, que es muy elástica, se contrae y se vacía de esa embolada de sangre, la presión en su interior es la más baja posible, una presión mínima que no debe superar los 85 mmHg. Algunas personas tienen valores muy elevados de la presión de la sangre en sus arterias (más de 140/90 mmHg): padecen hipertensión. Este exceso de presión cuando actúa a lo largo de varios años altera la pared de las arterias y acelera el proceso de aterosclerosis. El exceso de presión sobrecarga al corazón, que tiene que lanzar la sangre contra una mayor presión y ocasiona que el músculo cardíaco aumente de tamaño (se hipertrofie) y reciba menos sangre de la que le correspondería. Este déficit de aporte de sangre por las arterias coronarias puede ocasionar un infarto de miocardio. La hipertensión, al actuar sobre las arterias cerebrales, puede ocasionar a la larga la rotura de algún vaso y desencadenar una hemorragia cerebral.

El Síndrome Metabólico

La diabetes, la obesidad, la hipertensión, la hiperlipemia o la aterosclerosis no son enfermedades que se presenten de manera aislada y única, salvo en contadas ocasiones; lo más frecuente es que se presenten asociadas. Si alguien es obeso, con una enorme barriga, probablemente tendrá alterada la cifra de los triglicéridos en sangre y, si se determina la glucemia, se verá que la cifra de glucosa en sangre también sobrepasa las cifras normales. Y hasta es posible que, con el tiempo, desarrolle una hipertensión. Casi todos los diabéticos tipo 2 presentan un exceso de peso y a la larga desarrollan hiperlipemia, hipertensión y aterosclerosis.

Y así podríamos considerar todas las probabilidades combinando estas patologías, de tal forma que quien comienza padeciendo alguna de ellas, si no pone los remedios adecuados, acaba padeciéndolas todas y muriendo de problemas cardiovasculares. Además, estos procesos no se desarrollan independientemente unos de los otros, ya que cada uno de ellos puede acelerar o agravar los restantes: la diabetes se perjudica por la obesidad; el exceso de peso se agrava por las alteraciones de los lípidos, y así sucesivamente, si se considera cualquier combinación de estas patologías.

Los médicos han dado a tales asociaciones nombres tan exóticos como «Tríada diabólica», «Cuarteto mortal» o «Quinteto maligno». Pero siempre se ha considerado que dichas asociaciones eran casuales y que su coincidencia en personas de cierta edad se correspondía con manifestaciones del fenómeno general de senescencia, es decir, eran una consecuencia del envejecimiento. En el año 1988, el médico y profesor estadounidense G. M. Reaven, durante la Conferencia Banting, correspondiente a un premio de la Sociedad Americana de Diabetes, describió lo que se consideraba una nueva asociación de estas patologías: el Síndrome X. En este caso existía una novedad importante: la diabetes, la obesidad, la hipertensión, la aterosclerosis y la dislipemia no eran patologías que se dieran juntas por casualidad. G. M. Reaven proponía que podían compartir una causa común.

Por primera vez se ofrecía la posibilidad de contemplar estas enfermedades que, en conjunto, constituyen la principal causa de mortandad hoy en las sociedades desarrolladas, como una sola entidad: el «Síndrome X». La causa única que explicaba el desarrollo de estas patologías y que justificaba su asociación en tantos pacientes era un fenómeno con nombre extraño, pero cuyo concepto intuitivo, como veremos, no es difícil de comprender: la resistencia a la acción de la insulina o insulinorresistencia.

El concepto de Síndrome X ha alcanzado una gran popularidad entre los médicos. La Organización Mundial de la Salud (OMS) lo adoptó en 1998 con el nombre de Síndrome Metabólico y, además, amplió el número de procesos patológicos englobados en dicho síndrome y que también son causados por la insulinorresistencia. Hay autores que sugieren que el nombre más correcto sería Síndrome Dismetabólico. ¡Bueno! Dejemos a los médicos con una de sus discusiones favoritas, la de bautizar aquello que no se entiende bien adjudicándole nombres extraños. Da igual su denominación, lo importante es dejar bien claro que la ciencia médica considera que en las sociedades civilizadas la mayor parte de la gente se muere de Síndrome Metabólico y de sus consecuencias finales como son el ictus cerebral o el infarto de miocardio, y que la causa fundamental de que numerosas personas por encima de los cuarenta años padezcan esta dolencia es algo denominado insulinorresistencia. Según la OMS, el Síndrome Metabólico afecta a entre el 25 y el 40 por 100 de los mayores de cuarenta años de los países desarrollados.

Vamos a intentar analizar qué se esconde detrás de esta palabreja de «insulinorresistencia». Verán que la cuestión no es tan complicada como parece en un principio. Además, debemos poner especial interés en aclarar este concepto, ya que la insulinorresistencia será la protagonista en nuestro recorrido a lo largo de seis millones de años de evolución de la especie humana.

¿Para qué sirve la insulina?

Pero si vamos a tratar de un fenómeno de resistencia a la acción de la insulina, antes debemos presentar someramente esta importante molécula. La insulina es una hormona que se produce en el páncreas, una víscera que se encuentra situada al lado del estómago, justo en el centro del vientre. La misión fundamental de la hormona insulina es permitir la asimilación por el organismo de los nutrientes que ingerimos con los alimentos, en especial los azúcares. Cuando ingerimos alimentos ricos en hidratos de carbono o azúcares (pan, patatas, arroz, pasta, dulces, miel, frutas o verduras), éstos se digieren en el aparato digestivo y el resultado de esta digestión es la glucosa, que se absorbe y pasa a la sangre a través de la pared del intestino.

La glucosa es la señal que regula la producción de insulina por el páncreas. Después de las comidas se produce un aumento de la glucosa en la sangre, este incremento es captado por las células del páncreas, que comienzan a verter insulina, y, en consecuencia, la cifra de insulina en la sangre aumenta. Cuando las cifras de glucosa en sangre descienden, en los períodos de ayuno entre las comidas, las células del páncreas se inhiben y dejan de secretar la hormona, por lo que disminuye la cantidad de insulina en la sangre.

La insulina, por lo tanto, regula el metabolismo de la glucosa. En cualquier persona que no padezca diabetes, los niveles de glucosa en sangre se mantienen constantes entre límites muy estrechos (de 70 a 140 mg/dl), ya se encuentre en ayunas o acabe de comer abundantemente. Este control es de gran importancia para el organismo, y la principal hormona responsable de que se mantenga así es la insulina. La insulina es como una llave que al actuar en deter-

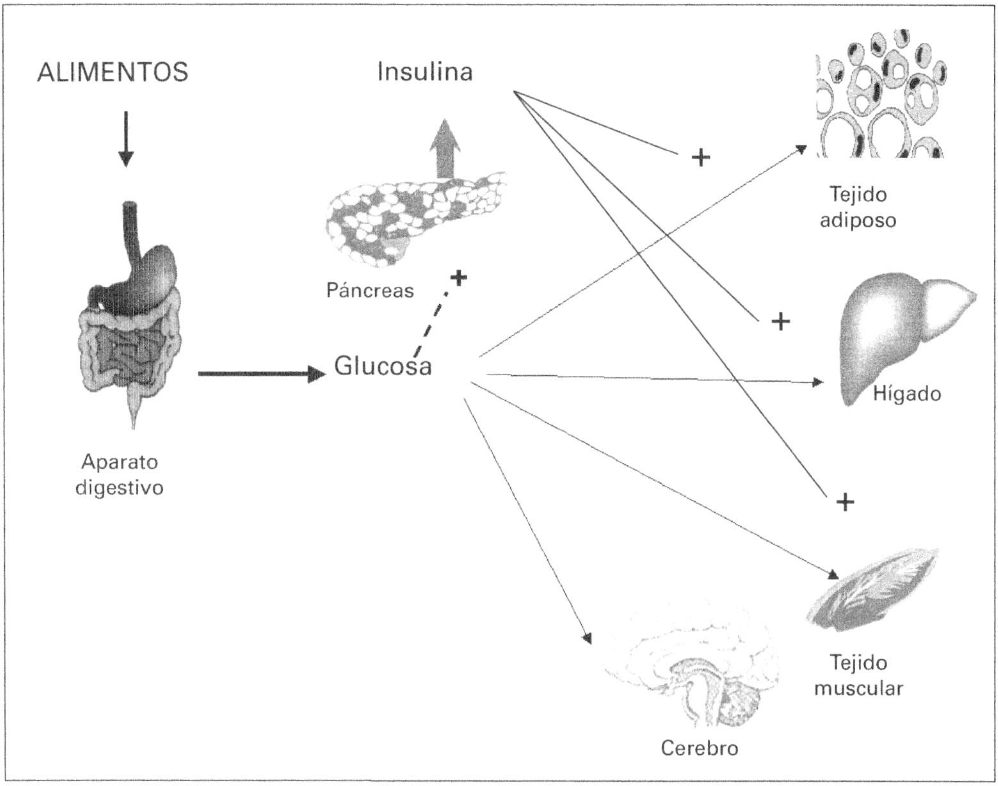

FIGURA 1.1. La insulina y el control de la asimilación de la glucosa

Los alimentos ricos en hidratos de carbono se digieren en el aparato digestivo y la glucosa se absorbe por el intestino, pasa a la sangre y se reparte por todo el organismo. Este aumento de la glucemia es detectado por el páncreas, que responde aumentando la secreción de insulina. La insulina tiene como misión procurar que las células del organismo asimilen la glucosa que ha penetrado desde el aparato digestivo. Para ello actúa sobre numerosas células y en especial sobre el tejido adiposo, el hígado y el músculo donde facilita la entrada de la glucosa al interior de las células y su utilización metabólica. De resultas de la actuación de la insulina, las cifras de glucosa en sangre retornan en poco tiempo a los valores previos de ayuno. La glucosa no necesita de la insulina para penetrar en las células cerebrales, que la utilizan como único combustible.

minadas cerraduras (receptores), que muchas células tienen en su superficie, abre unas compuertas (sistemas de transporte) que permiten la entrada de la glucosa al interior de dichas células y favorecen el que esas células puedan usar la glucosa para sus reacciones metabólicas o para acumularla. Los sistemas que utilizan las células para que la glucosa penetre en su interior son los llamados sistemas de transporte GLUT, los cuales son auténticas tuberías moleculares que atraviesan las membranas celulares de parte a parte.

La insulina también promueve la utilización metabólica y el almacenamiento intracelular de las grasas y las proteínas. Los órganos y tejidos donde la insulina actúa preferentemente son el músculo, el hígado y el tejido adiposo. Sólo el cerebro y otras pocas células escapan a este control por parte de la hormona. Las células cerebrales, las neuronas, son tan «exquisitas» que sólo utilizan glucosa como combustible metabólico en circunstancias normales y en ellas la glucosa penetra de forma constante y automática, sin requerir la presencia de insulina: no precisan llaves, la puerta siempre está abierta.

La sordera celular a la insulina

En la diabetes tipo 1, por ejemplo en un niño en el que por causas desconocidas se destruyen las células productoras de insulina, no hay insulina en la sangre. Si no hay insulina, no hay llaves, las compuertas celulares no se abren, la glucosa no penetra en las células y el azúcar no se puede asimilar y, en consecuencia, la glucosa se acumula en la sangre: se produce la hiperglucemia. Por eso hay que inyectarles la insulina que les falta (la llave).

Pero existe otra posibilidad, que es lo que sucede en la diabetes tipo 2, la diabetes del adulto. En este caso existe suficiente insulina en la sangre pero las cerraduras de las células (receptores de la insulina) están estropeadas o a la llave insulina, por causas que no conocemos bien, le cuesta actuar sobre esas cerraduras (resistencia a la insulina); las compuertas celulares no se abren como es debido, y la glucosa no penetra dentro de las células a la velocidad que debiera y no se puede asimilar normalmente. Este fenómeno de insulinorresistencia (la llave que no es capaz de abrir la cerradura) es la base de todo el Síndrome Metabólico.

Esto no es una cuestión del todo o nada. La capacidad de la insulina para regular el metabolismo de la glucosa varía ampliamente de unos individuos a otros. Es como la capacidad para detectar sonidos: unos individuos perciben sonidos extremadamente débiles, tienen una elevada sensibilidad auditiva; en el otro extremo están los sordos cuyos receptores auditivos son resistentes para detectar sonidos de enorme intensidad. En el caso de la insulina, el rango más bajo de este continuo, es decir, la menor capacidad de la insulina para promover la asimilación metabólica de la glucosa («sordera a la insulina») se define como una «resistencia» de los tejidos a la acción de la insulina; son los individuos insulinorresistentes. En el otro extremo, una elevada capacidad de la insulina para estimular la entrada de glucosa en las células caracteriza una «elevada sensibilidad» de los tejidos a la acción de la insulina: son los individuos insulinosensibles.

Hay otra consecuencia de la insulinorresistencia que es de gran importancia considerar. Recordemos que el principal estímulo para la secreción de insulina por el páncreas es la cifra de glucosa en sangre: cuanta más glucosa haya en la sangre, más insulina se produce. El páncreas interpreta que, si hay mucha glucosa, su obligación es secretar insulina para permitir que se asimile toda la glucosa que se acumula en la sangre. Pero en el caso de la insulinorresistencia se establece un círculo vicioso: la insulina encuentra dificultad para unirse a sus receptores y no abre las puertas para que penetre la glucosa. Las células no pueden metabolizar la glucosa y el azúcar se queda en la sangre, lo que desencadena una elevación de su concentración. El páncreas detecta estas cifras elevadas de glucosa y secreta aún más insulina. El resultado inevitable de la insulinorresistencia son unos niveles exagerados de insulina circulando en sangre: la hiperinsulinemia.

La insulinorresistencia y el Síndrome Metabólico

La cuestión que queda por analizar es cómo esta dificultad de la insulina para actuar sobre sus receptores, es decir, la insulinorresistencia, puede desencadenar todas las enfermedades que se engloban en el Síndrome Metabólico y, en definitiva, llegar a ser responsable de los problemas de salud cardiovascular por los que se muere la mayor parte de la población de los países desarrollados.

Si la insulina no puede actuar sobre sus cerraduras, no abre las compuertas celulares y la glucosa, tras las comidas, se remansa en la sangre y alcanza valores elevados, se da la hiperglucemia, que puede llegar a persistir durante varias horas después de cada comida. En las personas con diabetes puede ocurrir que las cifras de glucosa en períodos de ayuno, antes de las comidas, sean normales. La insulina, aunque con dificultad, acaba por meter la glucosa dentro de las células. Al principio del proceso, muchos de estos diabéticos sólo tienen hiperglucemias tras las comidas, por eso se recomienda que el diagnóstico de diabetes en personas adultas se realice sobre una muestra de sangre obtenida al menos una hora después de comer. En la evolución natural de esta diabetes, el páncreas, para intentar vencer el obstáculo de la insulinorresistencia, secreta gran cantidad de insulina (ante la «sordera», el páncreas «grita» más fuerte: es la hiperinsulinemia). Muchos de estos diabéticos tienen hiperglucemia a pesar de que por su sangre circula la insulina en concentraciones varias veces mayor que la que se encuentra en personas sin diabetes. Años después, este exceso de trabajo acaba por agotar al páncreas que deja de secretar la hormona y el diabético llega a ser dependiente de recibir las inyecciones diarias de insulina para sobrevivir.

El exceso de triglicéridos en sangre, que desencadena la hiperinsulinemia, se debe a que en el hígado se descontrola la producción de las lipoproteínas VLDL (recordemos que son los vehículos encargados de trasportar los triglicéridos). Esto resulta de la combinación de varios factores, entre ellos la hiperinsulinemia, que es se-

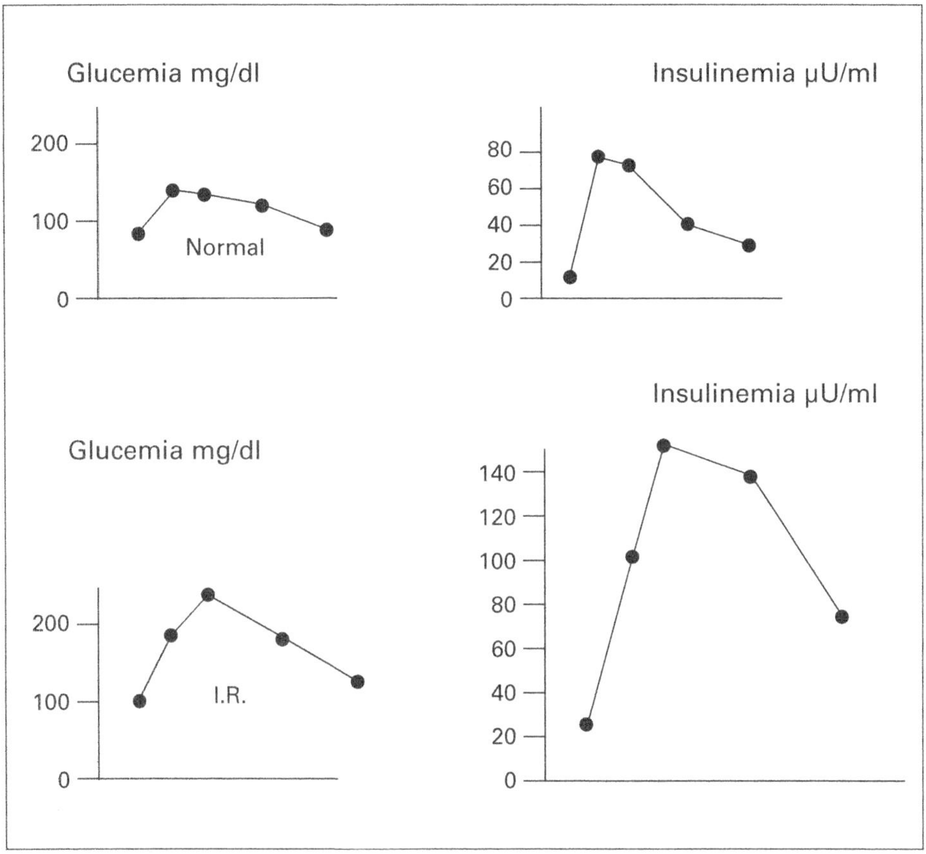

FIGURA 1.2. El problema de la insulinorresistencia

En la parte superior de la figura se muestran las curvas de glucemia y de insulinemia que se obtienen cuando se le administra a un individuo normal un desayuno rico en hidratos de carbono o una sobrecarga oral de glucosa. En la parte inferior se muestran los resultados cuando este test se realiza en un individuo con insulinorresistencia (I.R.). Puede apreciarse como las cifras de glucosa en sangre son más elevadas en este segundo caso, lo que sugiere la incapacidad de la insulina para introducir la glucosa, que penetra desde el intestino, en las células. El páncreas intenta vencer el obstáculo secretando una mayor cantidad de insulina, de lo que resulta una hiperinsulinemia. En los individuos con insulinorresistencia esta situación de desorden metabólico se repite con cada comida.

cundaria a la insulinorresistencia, y el exceso de ácidos grasos que le llegan a través de la vena porta, desde la grasa perivisceral (la grasa de la barriga). Además, el deficiente metabolismo de las VLDL y el descontrol metabólico del hígado ocasionan el descenso de las HDL (colesterol bueno).

El resto de las alteraciones que constituyen el Síndrome Metabólico se explican por la influencia perniciosa de la hiperinsulinemia. Este exceso de insulina circulando en la sangre a lo largo de años y a través de complejos mecanismos es la causa directa del resto de componentes del Síndrome Metabólico. El exceso de insulina estimula la acumulación de grasa en los depósitos adiposos, sobre todo en la barriga; la insulina a elevadas concentraciones estimula la proliferación de la pared arterial y favorece la aterosclerosis. La hiperinsulinemia aumenta la presión arterial a través de dos mecanismos fundamentales: por una parte estimula la retención de sodio por el riñón y por otra potencia la acción del sistema simpático (el efecto de la adrenalina y la noradrenalina).

En definitiva, la hiperinsulinemia, este exceso permanente de insulina circulando por la sangre, que es consecuencia de la propia insulinorresistencia, favorece el desarrollo de la enfermedad cardiovascular. Existen numerosos estudios, realizados sobre cientos de miles de sujetos, que así lo demuestran.

Más preguntas que respuestas

Entre las numerosas cuestiones que suscita la insulinorresistencia y su relación con el Síndrome Metabólico, una de las más trascendentes es la que plantea si las alteraciones que conducen a la insulinorresistencia, el hiperinsulinismo y el Síndrome Metabólico están programadas genéticamente o no. La importancia de esta cuestión reside en confiar en la posibilidad de su prevención mediante determinadas actuaciones o si nos debemos rendir al determinismo fatal de la genética.

Todos los especialistas aceptan que las alteraciones que componen el Síndrome Metabólico tienen una fuerte carga hereditaria, pero es un hecho que no todos los miembros de una misma familia llegan a padecerlo, o sólo desarrollan algunas de las enfermedades que componen el síndrome. Esto indica que además de los genes hay algo más, que también es importante para que aparezca la insulinorresistencia y se desarrolle el Síndrome Metabólico. Numerosos estudios han demostrado que sobre la base de una susceptibilidad genética deben actuar una serie de factores ambientales y de estilo de vida. El sedentarismo, el exceso de alimentos calóricos, el abuso de los dulces y de las grasas, y el estrés crónico y continuado son algunas de las circunstancias capaces de desencadenar todo el proceso. Estos agentes, a lo largo de los años, van actuando sobre el individuo predispuesto genéticamente, potenciando el ciclo vicioso de la insulinorresistencia y el hiperinsulinismo y ocasionan que, poco a poco, vayan emergiendo las diferentes alteraciones y que conduzcan al destino final, inevitable si no se ponen a tiempo los remedios adecuados. La importancia de las influencias ambientales se ha demostrado en numerosos estudios realizados por todo el mundo.

La clave es la epigenética

Hoy se sabe que el funcionamiento de los genes puede estar regulado por diferentes factores exteriores y ambientales como pueden ser los alimentos, la actividad física, los tóxicos como el humo de un cigarrillo, etc. Este es el objetivo de estudio de la moderna ciencia de la epigenética. Las influencias ambientales, aunque no pueden modificar la estructura de los genes, sí pueden afectar al entramado molecular que los sustenta (histonas) y modificar alguna de sus características químicas (metilaciones). Estos cambios condicionan la expresión de la información que alberga un gen determinado y, por supuesto, la estructura de la proteína que las células fabrican con esa información, y también se altera la función que controla esa proteína. Por ejemplo, si esta proteína alterada es parte del transportador celular de glucosa sobre el que actúa la insulina, su efecto será la insulinorresistencia.

Este mecanismo podría explicar cómo dos gemelos univitelinos, genéticamente idénticos, que poseen en su genoma los mismos genes que predisponen para el Síndrome Metabólico, pueden o no desarrollar todas sus manifestaciones. Si uno de los gemelos lleva una vida saludable, con ejercicio físico regular, alimentación adecuada y ausencia de sustancias tóxicas, sus genes se expresarán correctamente y no se fabricarán proteínas erróneas que desencadenen la enfermedad. Lo contrario, puede ocurrir que el otro hermano se exponga a numerosos agentes ambientales perjudiciales que desencadenarán una expresión incorrecta de sus genes, su organismo fabricará proteínas anómalas y se pondrá en marcha todo el síndrome y sus consecuencias.

¿Qué debemos hacer? Contra los genes aún no se puede luchar con eficacia y, desde luego, pasarán muchos años antes de que se pueda intervenir genéticamente en estas enfermedades poligénicas, que implican un gran número de genes en su desarrollo. Pero se puede intervenir sobre los factores desencadenantes, sobre estas circunstancias ambientales que, a través de mecanismos epigenéticos, disparan el mecanismo oculto de la insulinorresistencia y que ponen en marcha el círculo vicioso que lleva al hiperinsulinismo y al Síndrome Metabólico. La idea es que todo puede permanecer latente durante años si evitamos la actuación de aquellos factores que activan los genes y desencadenan el proceso. La cuestión es la siguiente: ¿cuáles son las medidas más eficaces para evitar que se despierte ese monstruo dormido que albergan muchas personas en su interior?

El controvertido asunto de la prevención

Este asunto de la prevención es tema de debate y agrias y violentas polémicas tanto en los medios científicos más especializados como en las tertulias más incompetentes. ¿Hay que hacer ejercicio? ¿Cuánto ejercicio es saludable? ¿Es mejor el yoga y la relajación? ¿Debemos convertirnos en vegetarianos? La carne ¿es buena o mala? ¿Engordan más los dulces o las grasas? ¿Qué tipo de grasa es la más saludable? ¿Hay que comer mucha fibra? ¿Debemos comer sólo pescado? ¿Cuál es el peso adecuado? ¿Cómo debemos actuar para reducir esos kilos de más? Estas y otras preguntas se acumulan con cientos de respuestas diferentes basadas en todo tipo de argumentos, a cual más pintoresco o fantástico.

La verdad es que la causa de esta confusión viene del hecho de que es muy complicado responder mediante la investigación científica convencional a cualquiera de estas preguntas. Por ejemplo, si suponemos que abusar de comer dulces es malo para la salud, no sería ético ni materialmente factible poner a mil personas a que consuman muchos dulces durante años y a otro grupo a que coman pocos, y esperar esos años a ver en cuál de los dos grupos se muere más gente. La mayor parte de lo que sabemos, desde un punto de vista científico, sobre la bondad de determinadas acciones preventivas en el desarrollo del Síndrome Metabólico proviene, bien de estudios de tipo epidemiológico y que hay que valorar con las reservas que se merecen, o bien de los pocos estudios realizados en comunidades cerradas, como los conventos de clausura, residencias de ancianos o cuarteles.

A lo largo de las páginas de este libro vamos a intentar dar justificación a algunas de estas preguntas y analizar otras muchas cuestiones de interés relacionadas con el Síndrome Metabólico y las enfermedades que lo componen, utilizando un método novedoso, diferente y que, como ya veremos, produce resultados sorprendentes.

De momento podemos concluir que en la actualidad se considera que una parte de la población porta un genotipo (una especial composición genética) que desencadena un fenómeno denominado insulinorresistencia. Si en esa persona se dan una serie de circunstancias ambientales como el sedentarismo, una alimentación abundante en calorías, dulces y grasas, un exceso de estrés y otras cir-

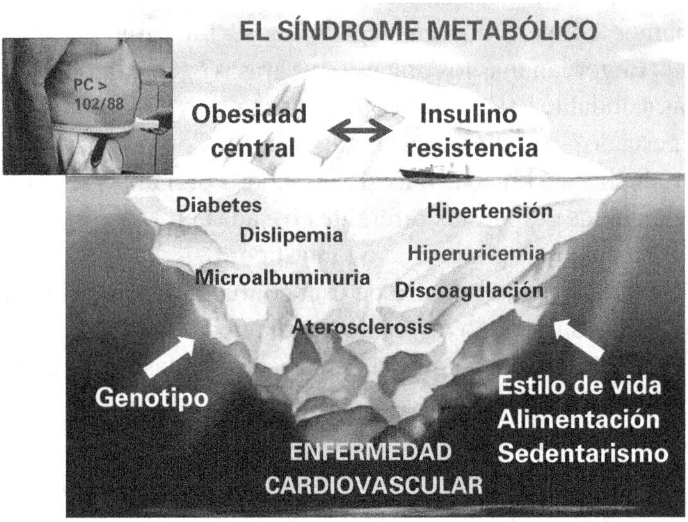

FIGURA 1.3. El Síndrome Metabólico

La clave del Síndrome X o Síndrome Metabólico es la existencia de un estado de insulinorresistencia, que ocasiona secundariamente una elevación de la cifra de insulina en sangre, por encima de los valores normales (hiperinsulinemia). Este exceso de insulina al actuar, durante años, sobre determinados órganos y tejidos va ocasionando las alteraciones que constituyen las principales manifestaciones del síndrome: sobrepeso, diabetes, dislipemia, hipertensión y arterosclerosis. Hoy se consideran también componentes del Síndrome Metabólico otras alteraciones, como la elevación de las proteínas de la inflamación (proteína C), el aumento del ácido úrico en sangre (hiperuricemia) y las anomalías de los factores de la coagulación (aumento del PAI-1).

cunstancias, la insulinorresistencia produce un aumento crónico de insulina en la sangre (hiperinsulinismo) y se ponen en marcha lentamente, mes a mes, año tras año, los mecanismos que conducirán a la obesidad central o androide, la diabetes tipo 2, la dislipemia, la hipertensión y la aterosclerosis, los componentes principales del

Síndrome X o Síndrome Metabólico. Se calcula que desarrollan el síndrome completo un 10 por 100 de la población y que llegan a padecer dos o tres componentes entre un 20 y un 45 por 100 de la población. Con el tiempo, si no se le pone el tratamiento adecuado, el Síndrome Metabólico conduce a la muerte por problemas cardiovasculares cerebrales o cardíacos.

Entre las numerosas cuestiones que suscita la insulinorresistencia y sus consecuencias, una de las más intrigantes se refiere a cómo esta característica genética tan perjudicial para la salud del portador está tan difundida entre la población. Vamos a analizar esta cuestión con detalle, ya que puede conducirnos a comprender mejor cómo se produce esta alteración y a tener una visión más objetiva sobre las medidas que se deben de poner en marcha para su prevención o su tratamiento. Para ello recurriremos al punto de vista y a la metodología de una moderna y pujante rama de la medicina, la medicina darwiniana o medicina evolucionista.

Para saber más

Existe una ingente bibliografía en torno al Síndrome Metabólico en sus más variados aspectos. Aquí se reseñan algunas citas bibliográficas que pueden servir para que el lector interesado pueda profundizar en la evolución histórica y en el concepto actual de la insulinorresistencia y del Síndrome Metabólico.

G. M. Reaven, «Banting Lecture 1988, Role of insulin resistance in human disease», *Diabetes*, 37, 1988, pp. 1.595-1.607.

D. E. Moller, «Insulin resistance. Mechanisms, syndromes and implications», *New England Journal of Medicine*, 325, 1991, pp. 848-938.

J. E. Campillo, M. A. Tormo y M. D. Torres, «El síndrome X, ¿un nuevo enfoque en la fisiopatología de la diabetes melitus tipo II, no insulino dependiente?», *Avances en Diabetología*, 5, 1992, pp. 175-186.

K. G. Alberti y P. Z. Zimmet, «Definition, diagnosis and classification of diabetes mellitus and its complications. Part 1: diagnosis and classification of diabetes mellitus provisional report of a WHO consultation», *Diabetic Medicine*, 15, 1998, pp. 539-553.

L. Groop y M. Orho-Melander, «The dysmetabolic syndrome», *Journal of Internal Medicine*, 250, 2001, pp. 105-130.

A. Siani, «New components of the metabolic syndrome: culprits or bystanders?», *Nutrition and Metabolism in Cardiovascular Diseases*, 11, 2001, pp. 217-220.

D. Longin, «Diabetes, insulin secretion, and the pancreatic beta cell mitochondrion», *New England Journal of Medicine*, 345, 2001, pp. 1.772-1.774.

B. Balkau *et al.*, «International Day for the Evaluation of Abdominal Obesity (IDEA)». *Circulation*,116, 2007, pp. 1.942-1.951.

E.P. Kirk y S. Klein, «Pathogenesis and pathophysiology of the cardiometabolic syndrome», *Journal Clinical Hypertension*, 11, 2009, pp. 761-765.

Un estudio sobre la obesidad infantil y su relación con la insulinorresistencia y el Síndrome Metabólico se puede encontrar en:

M.D. Torres, M.A. Tormo, C. Campillo, M.I. Carmona, M. Torres, M. Reymundo, P. García, J.E. Campillo. «Etiologic and cardiovascular risk factors in obese children from Extremadura in Spain. Their relationship with insulin resistance and plasma adipocytokine levels», *Revista Española de Cardiología*, 61, 2008, pp. 923-929. El texto en inglés o en español se puede consultar gratuitamente en Internet.

Datos actualizados sobre los aspectos epigenéticos del Síndrome Metabólico en:

S.A Ross y J.A. Milner, «Epigenetic modulation and cáncer: effect of metabolic syndrome». *American Journal Clinical Nutrition*, 86, 2007, pp. 872s- 877s.

2

Mirar al pasado para comprender mejor el presente

El punto de vista de la medicina darwiniana

La medicina darwiniana o evolucionista es una rama de la ciencia médica que pretende el estudio de la enfermedad en el contexto de la evolución biológica. Nos invita a pensar en la enfermedad desde una perspectiva diferente, inusual entre los médicos, y ello repercute en la novedad con la que enfocamos las causas de la propia enfermedad, su prevención y su tratamiento. Vamos a aplicar los principios de la medicina darwiniana para intentar comprender por qué los genes que predisponen a la insulinorresistencia están tan difundidos en la especie humana y cómo esta circunstancia es capaz de ocasionar tantos problemas de salud en la actualidad y de qué manera podemos prevenir sus consecuencias.

Para introducirse en los principios en los que se basa la medicina darwiniana consideraremos que el diseño actual del organismo humano (codificado en sus genes) es el resultado de millones de años de evolución. Imaginemos que la evolución es un ingeniero que diseña un prototipo de una máquina y que va adaptando sus mecanismos según las necesidades que le van surgiendo a través del uso normal de tal maquinaria. Al final obtiene un diseño perfecto capaz de solventar todas las dificultades que se ha ido encontrando: puede circular en terreno pedregoso y en terreno liso, puede funcionar en tiempo frío y en medio del desierto, consume poco combustible; en fin, un diseño perfecto para superar todas las circunstancias que tiene previsto afrontar en su uso normal. Pero en el diseño final no estaba previsto el circular por el agua, así que cuando se intenta cruzar un lago, el vehículo se hunde bajo las aguas y desaparece.

Desde el punto de vista evolucionista, el diseño actual del organismo humano, de cada una de nuestras funciones y de nuestras características morfológicas es el óptimo, el moldeado a lo largo de los millones de años de evolución. Nuestro diseño tuvo que evolucionar para responder a los cambios en el medio, a los que nos enfrentamos en cada etapa de nuestra evolución. Cualquier modificación de las condiciones del medio en el que vivimos los seres humanos puede alterar alguna de las funciones del organismo y ocasionar una enfermedad, incluso la muerte. Consideremos algunos ejemplos.

Muchas de las modificaciones que afectan a nuestro diseño son de origen natural o accidental. Por ejemplo, si un microbio penetra en nuestro organismo y se multiplica allí, como nuestro diseño no tiene previsto el albergar huéspedes indeseables, que no produzcan ningún beneficio, respondemos con la enfermedad (inflamación, dolor y fiebre) y nuestras defensas se activan para desembarazarnos del intruso. En contraste, nuestro diseño tiene previsto el alojar en nuestro intestino unas bacterias que se alimentan de nuestros desechos, nos proporcionan vitaminas a cambio y nos defienden de otros enemigos indeseables. Si por determinadas circunstancias se altera esta flora bacteriana intestinal, se produce malestar y enfermedad, de ahí la moda actual de reponer nuestros bífidus y demás bacterias intestinales mediante determinados alimentos enriquecidos.

Gran parte de las modificaciones de las condiciones ambientales que fuerzan nuestro diseño evolutivo son producidas por el propio ser humano. Por ello, la medicina evolucionista considera que muchas de las enfermedades que hoy nos afligen son consecuencia de la incompatibilidad entre el diseño evolutivo de nuestro organismo y el uso que hoy le damos. Por ejemplo, nuestro cuerpo está diseñado para caminar y correr, para sentarnos sólo cuando estamos cansados y para dormir tendidos. Pero si desarrollamos un trabajo de oficina puede ser que lleguemos a permanecer sentados en una postura forzada durante muchas horas seguidas. Este uso inadecuado del diseño de nuestro cuerpo dificulta el riego de las articulaciones y las sobrecarga con posturas extrañas que al final ocasionan problemas de columna, dolores y enfermedad.

Hay numerosos ejemplos. Veamos uno más. En nuestro aparato respiratorio los bronquios están diseñados para que si penetra en su interior alguna mota de polvo, algo de humo o ciertos pólenes que arrastra el viento, responda con la tos que elimina al contaminante. Pero si obligamos a nuestros bronquios a recibir cada media hora y durante varios minutos seguidos el humo de un cigarrillo y, además, hacemos llegar este humo hasta las profundidades del pulmón mediante aspiraciones profundas, se produce una alteración grave del diseño bronquial y acabará creándose una bronquitis o alguna cosa peor.

Otro ejemplo característico nos lo proporciona la variación genética que ocasiona un aumento de la cantidad de melanina de la piel. Tener mucha melanina en la piel es un rasgo que sólo está presente en una proporción de los individuos de la especie humana. Esta circunstancia es muy ventajosa para los habitantes de las zonas tropicales, donde el elevado grado de insolación exige disponer de una mayor protección contra la peligrosa radiación ultravioleta, que causa quemaduras y puede hacer que algunas células de la piel se tornen cancerosas. A lo largo de cientos de miles de años, aquellos individuos cuyo código genético determinaba una piel más oscura prosperaron en las zonas tropicales; su diseño de piel oscura, rica en melanina, era el más adecuado para sobrevivir en el ambiente de gran insolación en el que habitaban. Pero esta misma variación, es decir, un exceso de melanina en las células de la piel, no es beneficiosa para los habitantes de las zonas frías del norte, donde la baja intensidad de los rayos del sol aporta poca radiación ultravioleta. El motivo es que esta radiación, en dosis adecuadas, es necesaria para la síntesis de la hormona D, uno de los factores esenciales que permiten la acumulación de calcio en los huesos. Por esta circunstancia, en los ambientes de baja insolación prosperaron los individuos cuyas características genéticas (su diseño) ocasionaban que las células de la piel sintetizaran menos melanina y ello permitía tener la piel más clara. Pero si sometemos una piel clara, diseñada para ambientes con poco sol, a una gran insolación, como sucede cuando individuos de piel clara se tuestan al sol en alguna playa del sur, alteramos el diseño y la piel responde a la agresión con enrojecimiento, inflamación y a la larga puede desarrollar un cáncer de piel.

Desde este punto de vista del diseño, ¿cómo podemos considerar una característica como la insulinorresistencia? Desde luego es algo que está en los genes de una gran parte de la población, como ocurre con otros muchos rasgos, entre ellos la cantidad de melanina de la piel. Pero de acuerdo con lo que venimos proponiendo, si los genes de la insulinorresistencia están en nuestro genoma es porque en algún momento de nuestra evolución algunos individuos se beneficiaron de tal característica. ¿Y si la insulinorresistencia fuera una mejora en nuestro diseño para afrontar determinadas condiciones ambientales que nos tocó soportar en nuestra evolución? Después de todo, podría ser que la insulinorresistencia no sea tan mala como parece, y que su potencial patógeno sea más bien la consecuencia de alguna incompatibilidad de diseño entre la forma de vida de los humanos en la actualidad con aquella en la que evolucionamos. ¿Sería posible que hace miles de años, en algún período lejano de nuestra evolución, cierta insulinorresistencia fuera imprescindible para sobrevivir?

El análisis de esta hipótesis va a ser la auténtica razón de este libro: el explorar el rastro de la insulinorresistencia a lo largo de la evolución de la especie humana, siguiendo los principios de la medicina evolucionista, con el fin de encontrar una explicación racional de su abundancia entre nosotros. De esta forma esperamos comprender mejor la razón de ser de la insulinorresistencia en nuestra especie, sus consecuencias indeseables y cómo prevenir sus funestos efectos.

Los mecanismos de la evolución

Ya hemos insistido en que todo lo que somos es el resultado de millones de años de evolución. La forma de nuestro cuerpo, la estructura de los huesos, el mecanismo de los músculos, el funcionamiento de nuestros órganos digestivos, la filtración de la orina, la circulación de la sangre, la actividad del cerebro, nuestro metabolismo, los enzimas que trabajan afanosos dentro de nuestras células, el calcio que se acumula en nuestros huesos; todo ello es el resultado de la evolución biológica, un proceso complejo que permite el cambio y la diversificación de los organismos a través del tiempo.

Debemos tener en cuenta que toda la historia de los tres mil millones de años de evolución biológica está escrita en nuestros genes. El genoma es como un libro en el que no se borra nada de lo que esté ya escrito y se van añadiendo continuamente más párrafos. El propósito fundamental de los genes es almacenar la información acerca de las estructuras y de las funciones de cada ser vivo. Cada nueva propiedad adquirida por algún ser vivo en el trascurso de la evolución requirió un nuevo gen para codificar esa información y éstos se fueron incorporando al genoma del siguiente ser en la escala evolutiva. El genoma humano, que por estas fechas está a punto de ser desentrañado, es un auténtico rompecabezas de unos treinta mil genes que alberga información muy diversa, no siempre de utilidad para el ser humano actual.

Hay que tener en cuenta que, desde el punto de vista de la teoría de la evolución, cualquier agrupación de seres vivos que consideremos, aunque sea tan heterogénea como una planta, un escarabajo, un ave y un ser humano compartieron un antepasado común hace millones de años, y comparten muchos genes. Por eso, nuestro genoma contiene algún gen que no ha cambiado desde que lo albergaban las primeras criaturas unicelulares que poblaban el lodo primitivo, hace miles de millones de años. También poseemos numerosos genes que se desarrollaron cuando nuestros ancestros eran gusanos. Poseemos genes que deben de haber aparecido por primera vez cuando nuestros antepasados eran peces que se esforzaban por abandonar el agua y caminar por la tierra. Una parte de nuestro genoma fue común con el genoma de los dinosaurios y con el de sus descendientes, las aves. Gran parte de nuestros genes son comunes a los mamíferos. Y un 99 por 100 de nuestros genes son idénticos a los que posee cualquier chimpancé, de los que nos separamos evolutivamente hace apenas diez millones de años. Incluso los últimos estudios muestran que nuestra identidad genética con el chimpancé es de tal magnitud que se ha propuesto que se incluya a este primate en el género Homo, el nuestro.

Si todas nuestras características morfológicas, fisiológicas y bioquímicas fueron adquiridas a lo largo de millones de años de evolución, ¿cómo podemos interpretar que hoy tantas personas posean un genotipo de insulinorresistencia? Recordemos que un gen es un fragmento de ADN que contiene la receta para fabricar una proteína. Esta proteína puede ser un enzima, una hormona, un transportador, una inmunoglobulina o un receptor; cualquier función en nuestro organismo está controlada o sucede gracias a la intervención de una determinada proteína.

Estos conocimientos muestran que si a lo largo de la evolución de nuestra especie apareció una determinada característica, ello sólo pudo haber ocurrido si previamente se introdujo en nuestros genes la información necesaria para que tal función fuera posible. La insulinorresistencia es una característica genética que tiene que estar sustentada en una o varias proteínas, incluidos los propios receptores de la insulina que también son proteínas. No hay duda de que esta circunstancia especial, como es la dificultad de la hormona insulina para actuar sobre algunos de sus receptores, tuvo que alojarse en el material genético de nuestros antecesores siguiendo las directrices de la evolución.

Los dos mecanismos que permiten la variación genética necesaria para que ocurra la evolución son la mutación y la recombinación genética. La mutación es un cambio en la estructura del material genético, una modificación en la secuencia de ADN de un gen que ocurre en el gameto masculino (espermatozoide) o en el femenino (óvulo), y que se transmite a la descendencia. El otro mecanismo, la recombinación genética, es la consecuencia de la mezcla del material genético que aporta la madre con el que procede del padre durante el proceso de formación de los gametos y durante la fecundación del óvulo por el espermatozoide. En estos delicados procesos se intercambian porciones variables de los genes procedentes de uno y otro progenitor; ello es lo que explica que sea posible identificar cierta característica del padre o de la madre en un hijo determinado (la nariz, la altura o la facilidad para la música) y no en otro.

Así, en la reproducción sexual se pueden combinar (procedentes de cada progenitor) mutaciones favorables, que pueden ser seleccionadas porque confieren una ventaja adaptativa, y mutaciones desfavorables, que pueden ser eliminadas si el ambiente no es propicio. Es decir, que una mutación genética, por sí sola, nada significa; las mutaciones sólo son importantes cuando permiten la supervivencia y la reproducción del individuo en determinadas condiciones ambientales. Desde este punto de vista, intriga el hecho de que una característica aparentemente desfavorable como la insulinorresistencia haya persistido en nuestros genes a lo largo de la evolución.

La fuerza fundamental que mueve la evolución de los seres vivos, la que permite adaptaciones como la que hemos comentado acerca de la cantidad de melanina en la piel, es la llamada «selección natural». Es el proceso que explica la adaptación de los organismos a un ambiente en cambio continuo y la correspondiente evolución de su estructura y de su función. La selección natural actúa a través de las modificaciones en el éxito reproductor: los individuos que poseen características hereditarias más ventajosas dejan más descendientes que los que carecen de ellas, y así multiplican y dispersan, a su vez, la mutación heredada que les confirió tal ventaja. La selección natural parece haber cometido un fallo al permitir prosperar un genotipo de insulinorresistencia, que causa tantos problemas y lleva hasta la muerte. ¿O no?

¿Se puede engañar a la selección natural?

En definitiva, el concepto actual de la evolución biológica sugiere que, en la naturaleza, las variaciones más favorables desde el punto de vista del organismo son las que incrementan la probabilidad de supervivencia y de reproducción; tales variaciones serán entonces preservadas y multiplicadas de generación en generación, acumulándose a causa de que sus portadores están mejor adaptados al ambiente y sobreviven y se reproducen con más eficacia. La selección natural tiene lugar como consecuencia de las diferencias en la supervivencia, en la fertilidad y en el ritmo de desarrollo, en el éxito a la hora de encontrar pareja o en cualquier otro aspecto que condicione el ciclo vital del organismo.

Sobre estas bases parece lógico suponer que una condición como la insulinorresistencia causante de enfermedad, incapacidad y muerte, no debió de ser seleccionada por la evolución, ¿ o acaso es posible engañar a la selección natural? Un ejemplo particularmente significativo del alcance del mecanismo de la selección natural, y que explica cómo un rasgo, aparentemente perjudicial como la insulinorresistencia, podría llegar a ser beneficioso en determinadas condiciones lo encontramos en una enfermedad: la anemia falciforme.

La mayor parte de la hemoglobina de cualquier persona adulta, que se encuentra dentro de los glóbulos rojos de la sangre, es la hemoglobina A. Esta hemoglobina es perfectamente soluble en el líquido del interior del glóbulo rojo y cumple la función de transportar el oxígeno en la sangre. Una mutación que ocasione un simple cambio en sólo uno de los ciento cuarenta y seis aminoácidos de la cadena de la hemoglobina (la sustitución de valina por ácido glutámico) modificará las propiedades de la molécula, reducirá su solubilidad, y esto ocasionará que se precipite dentro del glóbulo rojo y lo rompa. Este tipo de mutación es relativamente frecuente, sobre todo en zonas de paludismo endémico. Vemos aquí que la evolución parece haber seleccionado un genotipo que ocasiona una enfermedad como la anemia falciforme.

¿Qué ventajas puede conferir esta mutación para ser seleccionada en el proceso evolutivo? ¿Por qué esta mutación, aparentemente desfavorable, no fue eliminada por la selección natural? ¿Es que los sujetos portadores de esta mutación sobreviven más y se reproducen mejor? La clave para responder a estas cuestiones nos la proporciona el hecho de que esta alteración sea frecuente en zonas de paludismo. El parásito de la malaria que el mosquito inyecta en la sangre necesita vivir y reproducirse dentro de los glóbulos rojos de la sangre donde se alimenta de la hemoglobina que contienen estas células. En los individuos normales, con hemoglobina A, los parásitos se reproducen fácilmente y ocasionan en el individuo parasitado una enfermedad (la malaria) que lo incapacita gravemente y que lo puede llevar a la muerte. Por el contrario, en los individuos en los que una proporción de las moléculas de hemoglobina se encuentran alteradas, los parásitos tropiezan con dificultades para alimentarse de esa hemoglobina y, además, la fragilidad de los glóbulos rojos hace que éstos se rompan con facilidad y que el parásito no pueda desarrollarse y completar su ciclo vital. Así, los individuos que portan esta mutación tienen menos probabilidades de padecer la malaria, sobreviven con más frecuencia y en mejores condiciones y, en consecuencia, se reproducen más y transmiten sus genes, incluidos los de la hemoglobina anormal, a sus descendientes.

La selección natural siempre favorece la característica que proporciona mayor éxito reproductor; por eso cabría plantearse si la insulinorresistencia fue seleccionada porque confería alguna ventaja para la supervivencia y la reproducción de la especie humana durante alguna etapa de su evolución. Pero ya hemos visto que la insulinorresistencia y sus consecuencias, como la diabetes, la obesidad, la hipertensión, la dislipemia o la aterosclerosis son problemas serios que producen enfermedades y conducen a la muerte por problemas cardiovasculares. Además, la insulinorresistencia y sus consecuencias suelen aparecer en edades avanzadas, posreproductivas ¿Cómo es posible esta contradicción? ¿Engañó la insulinorresistencia a la selección natural? ¿Se equivocó la evolución? ¿Nos estamos equivocando nosotros?

Las compensaciones genéticas

Con este asunto de la insulinorresistencia y sus consecuencias se plantea un problema, que supuso un importante escollo a la medicina darwiniana desde sus comienzos.

La fuerza fundamental que determina la evolución de las especies es la selección natural. Como hemos visto, ésta actúa fundamentalmente sobre el mecanismo del éxito reproductor. En este sentido surge una paradoja: ¿cómo es posible que se hayan seleccionado genotipos que albergan condiciones metabólicas como la insulinorresistencia, que ocasiona problemas de salud en edades posreproductivas, sin producir ninguna ventaja aparente en la edad reproductiva?

Resulta esclarecedor, en este sentido, el ejemplo de la aterosclerosis que, como ya sabemos, es un proceso por el cual unas células inmunológicas llamadas macrófagos van depositando en la pared de las arterias colesterol y otros lípidos, a los que luego se añaden células, calcio y otros materiales hasta formar un ateroma que llegar a ocluir la luz de la arteria.

Aunque la aterosclerosis comienza en edades tempranas no ejerce sus efectos perniciosos hasta pasados los cuarenta años, por término medio. En estas condiciones es un desorden posreproductivo y que por tanto ha escapado a la fuerza de la selección natural. Pero ¿por qué hemos heredado esta gran tendencia a desarrollar aterosclerosis y padecer sus funestas consecuencias?

El mecanismo que opera en estos casos se basa en los llamados genes pleiotrópicos que operan a través de diversos mecanismos. Uno de estos mecanismos son las llamadas mutaciones compensatorias o de intercambio (*trade-off mutations*). Son aquellas características genéticas que producen alguna ventaja de supervivencia y reproducción en edades tempranas de la vida a cambio o en compensación (*trade-off*) de ocasionar desventajas más tarde, en las etapas posreproductivas de la vida.

Hay una cepa de ratones que manifiestan una alteración en la función limpiadora de sus macrófagos. En consecuencia, estos ratones muestran una gran susceptibilidad a padecer infecciones, pero no desarrollan aterosclerosis. Por el contrario hay otros animales que muestran una hiperactividad de sus macrófagos; en este caso apenas tienen infecciones en su etapa reproductora pero desarrollan una aterosclerosis precoz. ¿Qué relación pueden guardar el padecer o no infecciones de joven y desarrollar aterosclerosis en la adultez?

En general dentro de los mecanismos que intervienen en la formación de la placa de ateroma se considera que las LDL oxidadas (el llamado colesterol malo) depositan el colesterol en la pared de las arterias y producen daño arterial que es limpiado o reparado por los macrófagos; estas células migradoras constituyen el equipo oficial de basureros del organismo. Pero los macrófagos son la principal fuente de las llamadas células foam, llenas de grasa, que aparecen en las primeras fases del depósito ateromatoso. Así una deficiencia de macrófagos retrasa la formación de ateromas pero hace más susceptible al individuo portador a padecer infecciones y, por el contrario, una gran actividad de los macrófagos favorece la aterosclerosis, pero previene de padecer numerosas infecciones durante la edad reproductora.

Vemos que un genotipo que permita una gran actividad de los macrófagos proporciona al individuo una mayor ventaja reproductiva, al evitar que sufra enfermedades infecciosas en la juventud, al precio de una mayor tasa de aterosclerosis en edades posreproductivas. Es decir, la aterosclerosis tardía es una compensación (*trade-off*) por una buena defensa antimicrobiana precoz.

Un mecanismo similar de compensación opera en la insulinorresistencia. Como veremos la característica de insulinorresistencia lleva aparejada una serie de características metabólicas que confieren ventajas de supervivencia y reproducción en edades jóvenes, reproductivas. Por eso a lo largo de la evolución de nuestra especie se fueron seleccionando genes que favorecían la insulinorresistencia, a pesar que sus efectos compensadores podrían ocasionar problemas de salud (obesidad, diabetes, hipertensión, dislipemia, aterosclerosis) en la edad posreproductiva. Como veremos, estos efectos negativos compensadores se acentúan cuando los seres humanos nos alejamos de nuestro diseño evolutivo y vivimos en condiciones de opulencia (sedentarismo e hiperalimentación).

El resultado de nuestra adaptación a los cambios ocurridos en millones de años de evolución fue el diseño de un organismo capaz de superar las condiciones ambientales en las que tuvo que evolucionar. Muchos de estos cambios genéticos exigían un precio, una compensación: proporcionaban la supervivencia y la eficacia reproductora en la juventud a cambio de una mayor predisposición a la enfermedad en la vejez. Para aclarar todos estos aspectos vamos a intentar seguir el rastro de la insulinorresistencia a lo largo de la evolución de la especie humana

La evolución de la especie humana

Antes de adentrarnos en el fascinante asunto que constituye la evolución de la especie humana es conveniente hacer algunas reflexiones que nos ayuden a poner las cosas en su justo lugar.

La evolución biológica es la consecuencia de cambios pequeños que pueden llegar a ser grandes por acumulación, al cabo de muchas generaciones, actuando a lo largo de cientos de miles de años, de millones de años. Por ello, un elemento esencial en la evolución biológica es el factor tiempo. Las modificaciones infinitesimales que se producen en el material genético a veces proporcionan a sus portadores pequeñísimas ventajas que sólo llegan a imponerse tras miles de generaciones. La evolución biológica sucede a lo largo del tiempo geológico, que se mide en millones de años. Y este es uno de los problemas que surgen cuando nos enfrentamos al estudio de la evolución: la enorme dificultad que entraña la necesidad de percibir estas desmesuradas dimensiones temporales y que nuestro cerebro se niega a asimilar.

Hasta hace relativamente pocos años, el estudio de la evolución de la especie humana se basaba exclusivamente en la paleoantropología, es decir, en el estudio de unos pocos fósiles, casi todos fragmentos incompletos y muy deteriorados: un diente, un trozo de mandíbula, un pedazo de cráneo, un fémur, o un fragmento de hueso del pie. Sólo una pequeña proporción de homínidos, gracias a una serie de circunstancias extraordinarias, han llegado a preservarse a lo largo de millones de años como fósiles. Y sólo se ha descubierto una pequeñísima fracción de estos fósiles; la mayoría aún permanecen ocultos. Además, hasta hace unos pocos años no se ha conseguido datar la antigüedad de los fósiles con exactitud. A este respecto, D. Pilbean y S. J. Gould ironizaron en cierta ocasión con que la Paleontología Humana compartía un aspecto peculiar con materias tan dispares como la Teología y la Biología Extraterrena: que las tres tenían más practicantes que objetos a estudiar.

Hoy las cosas han cambiado drásticamente. Disponemos de numerosos restos fósiles, bien datados mediante sofisticadas y precisas técnicas magnéticas y radiométricas, y se han incorporado al estudio los poderosos métodos de la genética; algunos huesos no están tan secos como pudiera parecer, y hasta dejan extraer proteínas y ADN de sus estructuras. Los datos que poseemos en la actualidad demuestran, fuera de toda duda razonable, que el hombre evolucionó desde un antecesor primitivo, compartido con el resto de los primates, hasta su forma actual, tras la acumulación de cambios relativamente pequeños a lo largo de diez millones de años. El proceso, en su conjunto, se puede subdividir en tres grandes etapas: la transformación de la dentadura, que permitió la desaparición de los colmillos y la reducción del tamaño de la mandíbula; el logro de la bipedestación, es decir, del conjunto de cambios que permitieron andar sobre las dos piernas, y la encefalización, que comprende el desarrollo del cerebro hasta alcanzar su volumen y su complejidad actuales. Durante este dilatado período, que en su mayor parte transcurrió en África, surgieron numerosas especies intermedias, intentos fallidos que fueron desapareciendo debido a su falta de adaptación a las condiciones cambiantes.

Nosotros pertenecemos a la clase de los mamíferos, al orden de los primates, la familia *hominidae*, el género *Homo* y la especie *Homo sapiens*. En biología se define especie como una comunidad reproductiva. Dos individuos pertenecen a una misma especie cuando pueden aparearse y esa unión es fértil, siendo también fértiles los productos de ella. Hoy día sólo existe una especie de *Homo sapiens*. No debemos de olvidar que toda especie representa una solución provisional de la evolución y que su destino inexorable es extinguirse, y ello incluye a nuestra propia especie: el *Homo sapiens sapiens*.

Las etapas nutricionales de nuestra evolución

Tradicionalmente, cuando se quiere enfatizar la importancia de la alimentación para nuestra salud, se dice que «somos lo que comemos». Pero, desde una perspectiva evolutiva, quizá deberíamos decir que «somos lo que comieron nuestros ancestros». A estas alturas del texto debe quedar bien claro en el lector que los seres humanos actuales somos el resultado de miles de millones de años de evolución. Cualquiera de nuestras funciones es consecuencia de las sucesivas adaptaciones de las especies que nos precedieron y entre esas funciones hay que incluir la nutrición. Cada cambio en la nutrición de las especies antecesoras fue consecuencia de las necesarias adaptaciones a las variaciones en el medio ambiente que, si persisten el tiempo suficiente, pueden permitir que se produzca la necesaria adaptación genética. Muchas de las peculiaridades de nuestras características nutricionales nos vienen dadas desde hace cientos de millones de años antes, pero las más interesantes, las que nos proporcionan nuestras peculiaridades como especie, son recientes, suceden desde hace unos diez millones de años, cuando iniciamos nuestro propio camino evolutivo.

La fuerza fundamental que ha dirigido la evolución de la especie humana es la calidad y disponibilidad de los alimentos que gozaron (o sufrieron) nuestros ancestros en cada etapa de nuestra historia evolutiva. Acontecimientos cruciales en nuestra evolución como la pérdida de los colmillos, la postura erecta o el desarrollo cerebral son consecuencias de las adaptaciones a los diferentes entornos alimentarios.

Todos los cambios astronómicos y geológicos ocurridos a lo largo de los últimos millones de años se han traducido en cambios climáticos, los cuales han modificado la flora y la fauna, y en consecuencia, la cantidad y el tipo de alimentos disponibles en los entornos en los que evolucionaban nuestros antecesores. Ello les obligó a adaptarse, ya que la alternativa era la desaparición. Hay que recordar que nosotros descendemos de los que se adaptaron y sobrevivieron.

Esta es la razón de que dividamos la evolución de la especie humana en cuatro etapas nutricionales, bien diferenciadas por la existencia de fósiles, incluso de esqueletos completos. Estas etapas se corresponden con períodos en los que circunstancias astronómicas y geológicas impusieron cambios en la flora y la fauna y en las condiciones de vida de nuestros ancestros y, sobre todo, en sus patrones de alimentación. Ello condicionó, como hemos señalado, su evolución.

Primera etapa: el Paraíso Terrenal

Transcurre entre el final del Mioceno y comienzos del Plioceno (hace entre quince y seis millones de años). El lugar fue el Paraíso

Terrenal que constituía, para nuestros primeros ancestros, el bosque tropical, húmedo y cálido que rodeaba al mundo como un ancho cinturón en aquella época. Por eso, en primer lugar consideraremos la etapa de nuestra evolución que transcurrió en el ambiente del bosque tropical. Esta etapa se corresponde con una fase de nuestra evolución caracterizada nutricionalmente por la abundancia permanente de alimentos, en su mayor parte de origen vegetal.

Es posible que en esta fase, hace unos ocho millones de años, desapareciera nuestro último ancestro común con el chimpancé y se produjeran las modificaciones que permitieron iniciar el camino sin retorno hacia la hominización. Por una parte se produjo la modificación de nuestros cromosomas. Nosotros compartimos con el chimpancé más del 99 por 100 de nuestro material genético (solo nos separan unos 500 genes de un total de 30.000). Pero el chimpancé tiene 24 pares de cromosomas y nosotros 23; esto se debe a que dos de los cromosomas presentes en el resto de los primates están fusionados en nuestras células formando el gran cromosoma número 2. Esta modificación cromosómica pudo ser la causa de que nuestros ancestros no pudieran reproducirse con el resto de los primates, a pesar de su parecido genético y produjera el aislamiento genético que permitió nuestra evolución.

Se conocen varios fósiles de esta etapa. El *Sahelanthropus tchadensis (Toumaï)* es un fósil encontrado en la región del Chad en 2001 y datado en diez millones de años de antigüedad con la técnica del berilio 10. Se le considera como el homínido más antiguo conocido hasta la fecha. Otros homínidos de este período son el *Orrorin tugenensis*, descubierto en el año 2000 en Kenia y el *Ardipithecus ramidus.*

Segunda etapa: la expulsión del Paraíso

Coincide con la pérdida de las selvas húmedas en la que evolucionaron nuestros primeros ancestros, lo que se inició hace unos cinco millones de años. Por eso en segundo lugar analizaremos cómo los cambios climáticos y las convulsiones geológicas produjeron el aislamiento y la evolución de algunos de nuestros antecesores en condiciones de alimentación pobre y escasa. Nuestros antecesores ya no disfrutaban de un bosque bien provisto de frutas y hojas tiernas, siempre abundantes en cualquier época del año, sino que ahora tenían que contentarse con raíces y vegetales menos nutritivos y más escasos. Las respuestas evolutivas ante este reto fueron la modificación de la dentadura y la bipedestación. Se conocen numerosos restos fósiles que identifican numerosas especies que vagaban por África en estas fechas, y la mayor parte desaparecieron con el tiempo. Un representante bien estudiado de esta fase de nuestra evolución es el *Australopithecus afarensis*, la famosa «Lucy», una hembra joven que vivió hace tres millones y medio de años cuyo esqueleto se conserva casi completo. En esta segunda fase de nuestra evolución es cuando por primera vez nos enfrentamos a la escasez de alimentos, a los períodos de hambruna que han sido una constante en el resto de millones de años de evolución. En cierta medida somos unos primates que se han tenido que adaptar a millones de años de hambre.

Tercera etapa: carnívoros a la fuerza

Hace dos millones de años, nuestros antecesores, a causa de la escasez de los alimentos de origen vegetal, se vieron en la obligación de alimentarse de animales terrestres y acuáticos. Esto, que fue una imposición de los cambios ambientales, ocasionó un resultado sorprendente: permitió que creciera el cerebro. Este antepasado, que ya pertenecía al género *Homo*, fue capaz de elaborar instrumentos de piedra de los que servirse e inició un camino que desde el este de África le llevó a colonizar el mundo. Aunque existen diversos fósiles de este período y una confusión de especies, el representante mejor conocido es el *Homo ergaster*, del que se poseen valiosos fósiles y en especial el esqueleto casi completo de un joven de 1,8 millones de años de antigüedad llamado «Niño de Turkana».

Cuarta etapa: el retorno al Edén alimentario

Y al fin nos encontraremos con nosotros mismos, el *Homo sapiens sapiens*. Nuestros antecesores abandonaron algún lugar de África hace doscientos mil años y ocuparon el mundo desplazando y eliminando al resto de los homínidos menos evolucionados que lo habitaban. Hace unos cien mil años colonizaron Europa y Asia y tuvieron que padecer miles de años de glaciación, alimentándose exclusivamente de la caza y de la pesca. Hace unos quince mil años terminó la última glaciación y comenzó el desarrollo de la agricultura, la ganadería y posteriormente la civilización. Esto permitió que los individuos de la especie humana se encontraran con una variedad de alimentos y una abundancia nunca conocidos desde que algunos de nuestros antecesores habitaron las selvas húmedas del trópico.

Cómo conseguir que los huesos hablen

Si queremos analizar la función de la insulina y de la insulinorresistencia a lo largo de la evolución de la especie humana, necesariamente debemos recurrir al estudio de la alimentación de nuestros ancestros. Recordemos que la insulina tiene por misión, en todos los animales, el promover la asimilación de los nutrientes que están penetrando desde el intestino durante la digestión de los alimentos. La insulina tiene una especial preferencia por controlar la asimilación de la glucosa, pero también se ocupa de la asimilación de las grasas y de las proteínas. La fisiología nos muestra que, en las diferentes especies animales que existen hoy día, las acciones y la secreción de la hormona están estrechamente relacionadas con el tipo

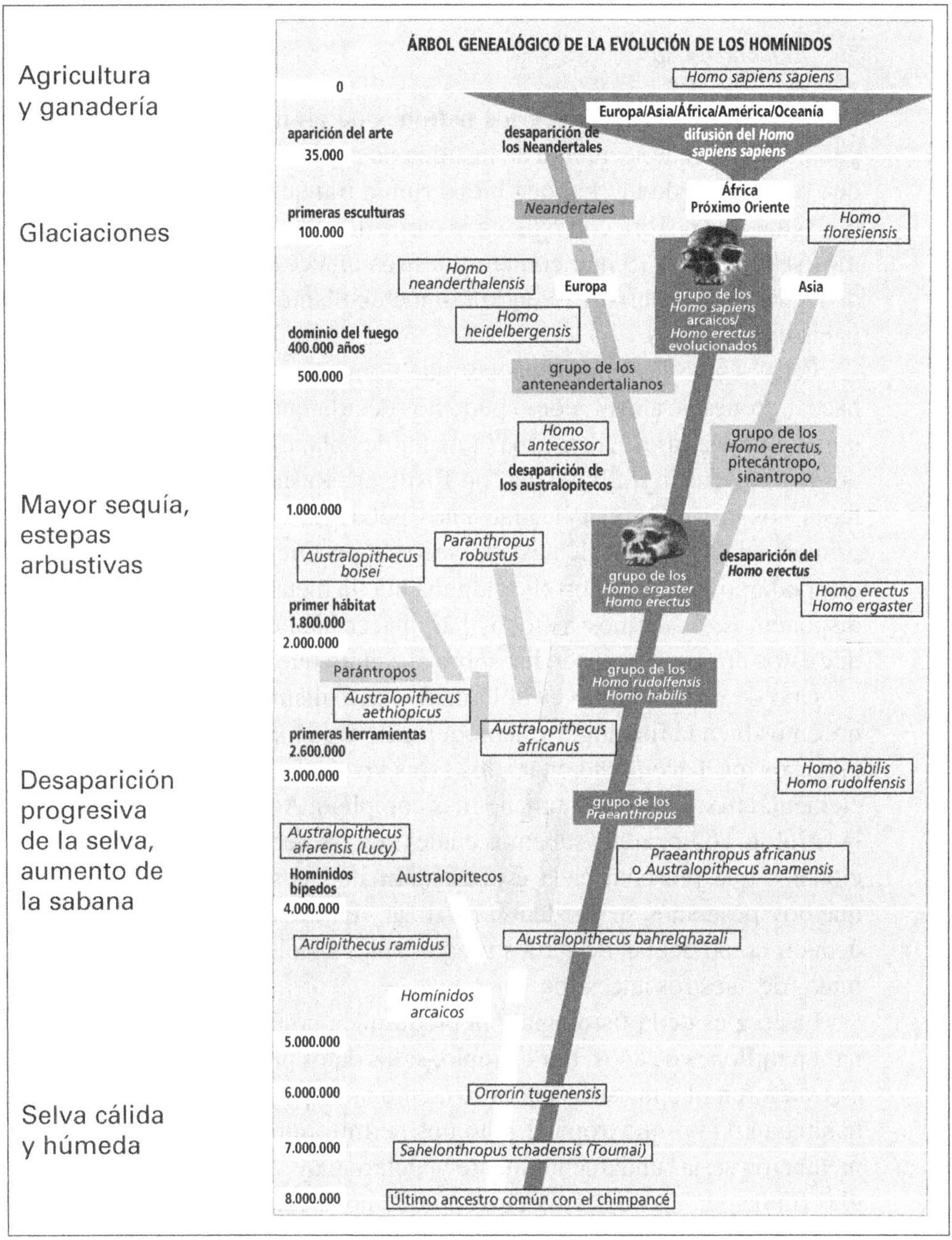

FIGURA 2.1. El arbusto genealógico de la especie humana

En el proceso de la evolución biológica, la naturaleza va probando y descartando al azar, sin un plan, sin una meta a la que llegar. La evolución es una permanente improvisación, por eso el esquema de la evolución de la especie humana no tiene forma de escalera de mano, sino más bien de arbusto abigarrado. En este esquema se resume el estado actual de la cuestión.

de alimentos que ingieren y los patrones de alimentación que siguen. El patrón de secreción de insulina no es el mismo en una vaca que se atiborra de hierba, que luego rumia tranquilamente, que en un jaguar que devora con rapidez la carne de una presa. Si pudiéramos saber qué es lo que comían nuestros antecesores, podríamos deducir qué características tendría su metabolismo y cómo actuaría la insulina en ellos.

Pero ¿cómo podemos conocer qué comían nuestros ancestros hace millones de años? ¿cómo podemos decidir cuál era el comportamiento de la insulina en ellos? Los tejidos blandos como el hígado, los músculos y el intestino no fosilizan. Resulta evidente que hasta nosotros sólo han llegado unos pocos huesos fósiles que a primera vista parecen demasiado secos y petrificados como para que podamos encontrar en ellos alguna huella metabólica. Pero hoy disponemos de algunos métodos para hacer hablar a los huesos y que éstos nos proporcionen luz sobre el asunto que nos ocupa.

Uno de esos métodos es el llamado «actualismo». Hoy día conocemos bien la fisiología y la bioquímica de la mayor parte de los procesos que hacen funcionar a los seres vivos, desde la célula más elemental hasta el tejido humano más complejo. Además, mediante la fisiología comparada sabemos cuáles son las peculiaridades funcionales que presenta cada especie animal. Estos conocimientos que hoy poseemos se pueden «actualizar» en tiempo pasado y así deducir cómo debían de ser los fundamentos fisiológicos y bioquímicos de nuestros ancestros.

Las reglas de la fisiología y la bioquímica no han variado apenas en millones de años. Por ejemplo, si los datos paleoantropológicos sugieren que nuestros ancestros, en una etapa de la evolución, habitaban un bosque tropical, esto nos permite suponer que su alimentación sería fundamentalmente vegetariana y, aplicando las reglas fundamentales de la fisiología, podemos deducir cuál sería la función de sus órganos y sistemas digestivos. Si los datos paleoantropológicos y geológicos sugieren que alguno de nuestros ancestros fue carnívoro, que se alimentaba exclusivamente de alimentos de origen animal, aplicamos ese mismo procedimiento. Hoy conocemos las reglas fisiológicas y bioquímicas que permiten que un animal pueda sobrevivir comiendo carne sólo. Así pues, actualizamos retrospectivamente las características funcionales que deberían poseer tales ancestros.

Para el análisis de la alimentación en las etapas más recientes de nuestra evolución se recurre a la etnografía, al estudio del comportamiento alimentario de sociedades de cazadores y recolectores que viven en la actualidad en las mismas condiciones que vivieron nuestros antepasados en el último medio millón de años de evolución. Diversas tribus no practican aún la agricultura ni la ganadería, como los !kung, los ache o los hiwi, entre otras.

La arqueología proporciona datos de gran interés a través del estudio de los huesos fósiles mediante técnicas sofisticadas de microscopía electrónica de barrido. Por ejemplo nos pueden indicar si los huesos de animales que aparecen mezclados con huesos de homínidos han sido descarnados o machacados con las piedras que se encuentran al lado de los huesos. También se puede realizar el análisis funcional de los utensilios empleados en la preparación de los alimentos. La presencia de montones de conchas fósiles indican un consumo de alimentos acuáticos. También el estudio de los coprolitos, o heces fosilizadas, dan valiosa información como los encontrados en yacimientos de la costa francesa, datados en trescientos mil años.

Finalmente, una imagen general de las cantidades relativas de alimentos vegetales y animales que consumían los homínidos puede obtenerse, mediante el análisis de los isótopos y de los elementos traza presentes en los huesos fósiles. Por ejemplo una elevada proporción del isótopo ^{15}Nitrógeno ($\delta^{15}N$) en el hueso indica que su propietario consumía muchas proteínas de origen animal. Los isótopos del carbono, como el ^{13}C, pueden indicar si el propietario del hueso comía plantas e incluso sugerir qué tipo de plantas consumía. También se ha utilizado para la reconstrucción dietética la proporción entre los elementos estroncio (Sr) y calcio (Ca) en los huesos. Un aumento del cociente entre ambos se interpreta como que el homínido propietario del hueso fósil consumía más alimentos vegetales que animales.

Para saber más

Citamos cuatro libros y dos artículos a los que pueden recurrir aquellos que quieran profundizar en la medicina darwiniana o medicina evolucionista.

R. M. Nesse, G. C. Williams, *¿Por qué enfermamos?*, Grijalbo Mondadori, Barcelona, 2000.

S. C. Stearns, *Evolution in Health and Disease*, Oxford University Press, Oxford, 1999.

W. R. Trevathan, E. O. Smith, y J. J. McKenna, *Evolutionary Medicine*, Oxford University Press, Oxford, 1999.

J. E. Campillo, «El darwinismo y la medicina española: una perspectiva histórica». *eVOLUCION* 9, 2008, pp. 55-58.

—, «Teoría de la evolución en la obesidad y la diabetes», en: *Teoría de la Evolución en la Medicina*, Editorial Médica Panamericana, Madrid, 2009.

F. Zampieri, «Origins and history of darwinian medicine», *Humana Mente* 9, 2009, pp. 13-38.

En las siguientes obras sobre la teoría de la evolución en general se puede encontrar información sobre los conceptos modernos en torno a la teoría de la evolución y de la selección natural.

T. Dobzhansky, F. Ayala, G. L. Stebbins, J. W. Valentine, *Evolución*, Omega, Barcelona, 1988.

R. Dawkins, *El gen egoísta*, Salvat Editores, Barcelona, 1993.

S. J. Gould *et. al.*, *El libro de la vida*, Crítica, Barcelona, 1993.

F. J. Ayala, *La teoría de la evolución*, Temas de Hoy, Madrid, 1994.

J. J. Arsuaga, *El enigma de la Esfinge*, Plaza y Janés, Barcelona, 2001.

J. Moreno, *Los retos actuales del darwinismo ¿Una teoría en crisis?*, Editorial Síntesis S.A., Madrid, 2009.

Existen numerosas obras que versan sobre el origen del hombre. Hay que advertir que el cambio ocurrido en nuestros conocimientos en los últimos diez años sobre este asunto hace que los libros y artículos anteriores a esta fecha deban ser leídos con precaución.

F. J. Ayala, *Origen y evolución del hombre*, Alianza, Madrid, 1991.
R. E. Leakey, *La formación de la humanidad* (edición con ilustraciones), Óptima, Barcelona, 1993.
H. Thomas, *Nuestros orígenes, el hombre antes del hombre*, Ediciones B, Barcelona, 1997.
J. L. Arsuaga e I. Martínez, *La especie elegida*, Temas de Hoy, Madrid, 1998.
M. Bauer y G. Ziegler, *La aventura del hombre*, Maeva, Madrid, 2003.

Para aquellos que deseen aclarar sus dudas en aspectos de la genética humana recomiendo la siguiente obra:

M. Ridley, *Genoma. La autobiografía de una especie en 23 capítulos*, Taurus, Madrid, 2000.
—, *¿Qué nos hace humanos?*, Taurus, Madrid, 2004

Los aspectos climáticos y metodológicos que se utilizan para el estudio de la alimentación a lo largo de la evolución de nuestra especie se describen en los textos precedentes y en especial en los siguientes artículos:

B. Bogin, «From caveman cuisine to fast food: The evolution of human nutrition», *Growth Hormone and IGF Research*, 8, 1998, pp. 79-86.
M.A. Maslin y B. Christensen, «Tectonics, orbital forcing, global climate change, and human evolution in Africa: introduction to the African paleoclimate special volume», *Journal Human Evolution*, 53, 2007, pp. 443-464.

3

El Paraíso Terrenal

La vida en el Paraíso

Hace unos veinte millones de años, durante el Mioceno, la Tierra vivió unas condiciones climáticas paradisíacas. Los casquetes polares, con un emplazamiento diferente del actual, apenas eran unas pequeñas manchas de hielo; el nivel de los mares era mucho más elevado que en la actualidad, y la mayor parte de los lugares que ahora ocupan las ciudades y playas donde disfrutamos las vacaciones estaban cubiertos por el océano. El agua del mar era tan caliente como la que hoy podemos encontrar en los trópicos. El mundo de finales del Mioceno era, por lo tanto, un mundo muy diferente del nuestro: con distintos olores, con extraños sonidos. Ni siquiera el cielo de hace veinte millones de años era parecido al que contemplamos hoy en una noche cualquiera. Existían constelaciones que mostraban configuraciones distintas de las actuales; muchas estrellas que hoy admiramos en las noches de cielo despejado aún no habían aparecido y otras que entonces brillaban ya no existen.

En las latitudes medias, a ambos lados del ecuador, el clima era especialmente cálido y húmedo, con lluvias abundantes, lo que condicionó la expansión de interminables selvas ecuatoriales y tropicales que rodeaban al mundo como una faja verde sólo interrumpida por las aguas de los océanos. Desde las costas del Atlántico en África hasta los confines de Asia se extendía un bosque impenetrable, prácticamente sin interrupción. En América se daba una situación similar, aunque el continente ya estaba aislado del resto de la tierra firme y conformaba el subcontinente noratlántico.

Estas interminables selvas húmedas estaban pobladas por una vegetación exuberante, por plantas y por árboles gigantescos, cuajadas de una interminable variedad de especies vegetales que embriagaban el aire caliente y húmedo con miles de aromas. Bullían en ellas miles de insectos diferentes y las habitaban reptiles diversos, desde pequeñas lagartijas hasta gigantescas serpientes. Los dinosaurios habían desaparecido unos cuarenta millones de años antes y, en su lugar, numerosas aves y mamíferos vegetarianos se alimentaban de los inagotables recursos que ofrecían los bosques. Una muchedumbre de depredadores prosperaba alimentándose de los herbívoros, bien cebados y abundantes.

En aquellas selvas, los simios se encontraban en su paraíso. Las condiciones climatológicas eran las más adecuadas: siempre reinaba la misma temperatura cálida, y la lluvia, que con frecuencia caía, era también caliente. Apenas tenían enemigos peligrosos ya que, ante la menor amenaza, con dos saltos encontraban un refugio seguro en las ramas más altas de los árboles, hasta donde ningún depredador podía perseguirlos. En este escenario, en el que había poco riesgo, alimentos abundantes y las condiciones más favorables para la reproducción, surgieron nuestros antepasados.

Hace unos cinco millones de años, a comienzos del Pleistoceno, el período que siguió al Mioceno, en los bosques que entonces ocupaban África Oriental, más concretamente en la zona correspondiente a lo que hoy es Kenia y Etiopía, habitaba una estirpe muy especial de monos hominoideos: los *Ardipithecus ramidus*. Éstos, como el resto de primates, estaban adaptados a vivir en zonas geográficas en las que no existían variaciones estacionales. Porque los monos, en general, no pueden soportar largos períodos en los que no haya frutas, hojas verdes, tallos, brotes tiernos o insectos de los que alimentarse: por eso sólo viven en zonas tropicales, salvo muy contadas excepciones.

Los fósiles de quien hoy se considera uno de nuestros primeros antepasados, el *Ardipithecus ramidus,* han aparecido siempre junto a huesos de otros mamíferos cuya vida estaba ligada al bosque. Se puede suponer, por lo tanto, que habitaba un bosque que aún era espeso, con algunos claros, y abundante en frutas y vegetales blandos, aunque el enfriamiento progresivo que se venía produciendo en esos últimos miles de años y las catastróficas modificaciones geológicas tuvieron que reducir la disponibilidad de los alimentos habituales de estos simios.

El *Ardipithecus ramidus* no abandonaba nunca sus selvas. Como los monos antropomorfos de hoy, debía de tratarse de una especie muy poco tolerante a los cambios en el ambiente. Todo le incitaba a buscar la comodidad fresca y húmeda y la fácil subsistencia que le proporcionaban sus bosques, y nunca traspasaba los límites: en la linde se encontraba, para él, el fin del mundo, la muerte.

Estos antepasados nuestros son, de entre todos los homínidos fósiles, los que más se parecen a los monos antropomorfos que viven en la actualidad. Presentaban una constitución física muy adecuada para trepar a los árboles, por los que braceaban con soltura con unas manos prensiles muy eficientes. En la selva tropical, hoy como hace millones de años, hay que subir para sobrevivir. No podían correr velozmente por el suelo, ya que sus caderas y los huesos de sus piernas sólo les permitían una torpe marcha bamboleante. Su cerebro era como el de un chimpancé actual: de una capacidad de unos 400 cm^3. Tendrían la piel cubierta con un pelo fuerte y espeso, impermeable, adaptado a las condiciones de una selva lluviosa con un elevado grado de humedad ambiental, donde el sudor era totalmente ineficaz para refrigerar el cuerpo.

El equipo sensorial de estos antepasados nuestros debía de ser como el de todos los primates. Predominaría el sentido de la vista más que el del olfato: en el bosque, el hecho de ver bien es mucho más importante que el de tener una gran capacidad olfativa. Una buena visión de los colores les permitía detectar las frutas multicolores en las umbrías bóvedas de la selva. El sentido del oído tampoco debería de estar muy desarrollado: contaban con orejas de pabellones pequeños, que no tenían la posibilidad de modificar su orientación. En cambio, poseían un refinado sentido del gusto, ya que en su dieta tenían cabida muchos sabores diferentes: su olfato estaba principalmente al servicio del sentido del gusto; de ahí deriva el hecho de que cuando nos resfriamos y tenemos la nariz atascada los alimentos pierdan su sabor. Entre sus preferencias podríamos destacar una gran afición al sabor dulce, que es a lo que saben, en general, los frutos muy maduros.

A pesar de su escasa capacidad cerebral, es posible que en ocasiones se sirvieran de algún utensilio, como alguna rama para defenderse, y de un palito para extraer insectos de sus escondites, y hasta que utilizaran piedras para partir semillas. El uso de estas herramientas probablemente no era premeditado: se recurría al instrumento en el mismo momento en que se necesitaba, pero luego no se conservaba el utensilio; sencillamente lo abandonaban y volvían a buscar uno nuevo en otra ocasión, cuando fuera preciso.

La pérdida de los colmillos

¿Cómo, a partir de estos simios, pudo iniciarse el camino de nuestra evolución? La respuesta a esta pregunta parece basarse en los cambios climáticos y en las consecuencias que éstos tuvieron sobre la alimentación de nuestros antepasados hominoideos. La dentadura fósil de nuestros primeros antepasados nos proporciona una pista.

Conviene, antes de nada, llamar la atención sobre la importancia que tienen los dientes en los estudios de paleontología. Las piezas dentales son los fósiles más frecuentes, y las características de la dentición reflejan fielmente la dieta de su propietario, un dato esencial para deducir su forma de vida. Los carnívoros tienen caninos muy desarrollados para desgarrar, y luego unas muelas afiladas (muelas carniceras) para partir en trozos la carne y tragarla. Los herbívoros tienen incisivos espatulados para segar la hierba y cortar los vegetales y unas muelas planas para triturar (moler) los tejidos de las plantas y de las semillas. Hay diversas situaciones intermedias, con variadas fórmulas dentales.

Todos los primates actuales derivamos de un antepasado común que tenía treinta y seis dientes. Las características de la dentición de los grandes simios es la siguiente: poseen grandes caninos (colmillos), sobre todo los machos; los molares tienen cuatro o cinco cúspides y están diseñados para triturar frutas carnosas, vegetales en general y otras presas, como insectos; los incisivos son grandes y con un borde recto, cortante, para morder la fruta, trocear cualquier objeto o desgarrar cortezas.

Nuestros antecesores más primitivos poseían unas mandíbulas y una dentadura similares a las de los chimpancés actuales, pero en ellos se habían acumulado una serie de cambios genéticos a lo largo de los miles de años precedentes. Estos cambios, cuando se dieron las circunstancias ambientales desfavorables, les confirieron una ventaja decisiva para su supervivencia y su reproducción. El *Ardipithecus ramidus* presentaba ya una dentadura característica de los homínidos, y eso fue precisamente lo que los separó del resto de los primates, lo que los hizo más humanos. Su aparato masticador, según muestran los restos fósiles, se caracterizaba por poseer unos caninos (colmillos) espatulados o incisiviformes, que apenas sobresalían del resto de los dientes. Los monos tienen unos caninos muy desarrollados, en forma de colmillos, y unos incisivos anchos que están separados de los caninos por un espacio vacío, el diastema, que es como la vaina en donde se alojan los caninos al cerrar la boca. En el *Ardipithecus ramidus,* los colmillos apenas sobresalían del resto de los dientes, igual que ocurre con los nuestros en la actualidad. Sus muelas presentaban un esmalte fino, como el de los chimpancés, ya que se alimentan de frutas, hojas, tallos tiernos, brotes y otros vegetales blandos, sin desdeñar insectos, termitas y algún pequeño roedor.

¿Qué ventaja evolutiva supusieron estos cambios? ¿Cómo es posible que la reducción de tamaño de unos colmillos iniciara la evolución hacia nuestra especie? Para responder a estas cuestiones recordemos que, según la teoría moderna, el fundamento de la evolución reside en la aparición de modificaciones aleatorias entre los individuos de una población, es decir, que estos cambios se producen al azar, sin ningún propósito, y que son heredables. La selección natural lo que favorece es aquello que implique un mayor éxito reproductor. Imaginemos un grupo de simios de hace cinco millones de años, en los que una serie de mutaciones produjo los cambios dentales que se han encontrado en los fósiles del *Ardipithecus ramidus*. En esa población de simios existiría una gran variabilidad genética, como en cualquier población de seres vivos, y sobre esta variabilidad actuaría la selección natural. Entre esos simios habría individuos con hermosos colmillos, otros sin ellos, y algunos que presentaban tamaños intermedios.

En principio se puede pensar que los monos que habían perdido los colmillos estaban indefensos y en desventaja con respecto a los demás para defenderse, y eso es verdad. ¿Cómo pudo operar entonces la selección natural? ¿Por qué se seleccionó este rasgo, al parecer tan desfavorable? Ya hemos visto que la selección natural es el proceso por el cual aquellos individuos dotados de características que les confieren alguna ventaja para la supervivencia sobreviven y dan lugar a una descendencia más numerosa. La selección natural, para operar, requiere que se den condiciones difíciles de vida, de riesgo para la supervivencia: cambios en el ambiente o competencia entre especies, y que unos individuos, que han adquirido determinadas ventajas, superen todas las dificultades, sobrevivan y se reproduzcan más.

El cambio ambiental que tuvieron que superar nuestros antepasados, los *Ardipithecus ramidus*, fue el progresivo deterioro del clima y la desaparición de los árboles frutales. Encontrar comida se estaba poniendo cada vez más difícil. Ya hemos visto que esos simios estaban acostumbrados a alimentarse de forma continua, mediante un picoteo constante; encaramados en los árboles, sólo necesitaban alargar la mano para coger un fruto o un brote jugoso. Pero con el paso de los milenios llegó la sequía, los árboles empezaron a desaparecer y los bosques a clarearse. Escaseaban las frutas maduras y los brotes tiernos. Estos simios se vieron obligados a buscar otros alimentos sustitutivos de peor calidad alimenticia, más duros y con menos calorías: tallos, cortezas y raíces. A veces tenían que bajar de los árboles para desenterrar bulbos y tubérculos, y también se necesitaba mucho más trabajo de masticación para triturar esos alimentos y poderlos tragar.

Las mandíbulas que poseen colmillos, que sobresalen sobre los dientes adyacentes, tienen muy limitados los movimientos laterales de molienda; por lo tanto, tienen reducida la posibilidad de triturar los alimentos. Los carnívoros, que tienen colmillos, cortan la carne en trozos con sus muelas carniceras y los tragan sin más. Los herbívoros que necesitan moler bien los vegetales no tienen colmillos y en cambio poseen unas muelas anchas y grandes, como piedras de molino. Así, en estos simios, las mutaciones genéticas que venían acumulando a lo largo de miles de años habían provocado la reducción del tamaño de los colmillos. Cuando se dieron épocas de sequía, ellos poseían una ventaja definitiva para la supervivencia en un medio hostil: tenían una masticación más eficaz para procesar el nuevo tipo de alimentos, más secos y duros; es decir, una mayor movilidad lateral de sus mandíbulas.

Estas variaciones favorables son las que incrementaron la probabilidad de supervivencia y procreación en los *Ardipithecus ramidus*. Sus portadores se alimentaban mejor, podían ingerir todo tipo de alimentos. A alguno de estos alimentos, más duros, que precisaban más trabajo de masticación, los individuos que seguían luciendo los colmillos hermosos y amenazadores, no tenían acceso. Nuestros antepasados sin colmillos, al nutrirse mejor, sobrevivían y se multiplicaban con más eficacia, transmitían sus características favorables a sus descendientes y así, al cabo de miles de años, miles de descendientes ya habían perdido sus colmillos y, por lo tanto, eran capaces de sobrevivir en donde otras especies fracasaban. El cambio climático, por lo tanto, había introducido una modificación ecológica y las dificultades para encontrar el alimento habitual habían hecho que los individuos de esa especie de simios estuvieran permanentemente amenazados de muerte. En consecuencia, esas pequeñas ventajas en los genes, que ocasionaban variaciones como la reducción de los caninos, se convertían en algo decisivo para que llegaran a hacerse adultos con un óptimo desarrollo y se reprodujeran más y con mayor eficacia.

Los alimentos y los nutrientes

Todos los seres vivos necesitan ingerir periódicamente alimentos que les proporcionen los nutrientes, que son los compuestos químicos necesarios para poder vivir y reproducirse. Los nutrientes son los hidratos de carbono o azúcares, las proteínas, los lípidos o grasas, las vitaminas, los minerales y el agua. Estos nutrientes están contenidos en los alimentos. Las opciones para la dieta de cualquier mamífero son limitadas: la comida debe proceder de las plantas, de los animales o de una mezcla de ambos y debe ser suficiente en calidad y cantidad para que proporcione todos los nutrientes o los precursores necesarios para ese animal en particular, en las cantidades y en las proporciones más adecuadas.

Todos los mamíferos poseemos enzimas digestivos para poder digerir las proteínas y las grasas, ya procedan de los alimentos animales (tocino) o de los vegetales (aceite de oliva). Pero el problema surge con los alimentos vegetales. Algunos de estos alimentos (patata, zanahoria o manzana) contienen hidratos de carbono que puede digerir y asimilar cualquier mamífero, como son el almidón, los disacáridos como la sacarosa o la lactosa, la glucosa y la fructosa; cualquier mamífero dispone en su intestino de sistemas enzimáticos para asimilar estos azúcares. Pero los hidratos de carbono que contienen los vegetales en mayor cantidad, como son la celulosa, las pectinas, las gomas y la lignina, tienen una estructura química y unos enlaces moleculares tan especiales que ningún mamífero produce enzimas capaces de digerirlos.

Esta afirmación causará sorpresa a algunos lectores porque, entonces, ¿cómo se alimentan las vacas?, ¿o los caballos?, ¿o los gorilas? Incluso, ¿cómo resolvemos el problema nosotros mismos cuando comemos acelgas, espinacas o lechugas, todos ellos alimentos

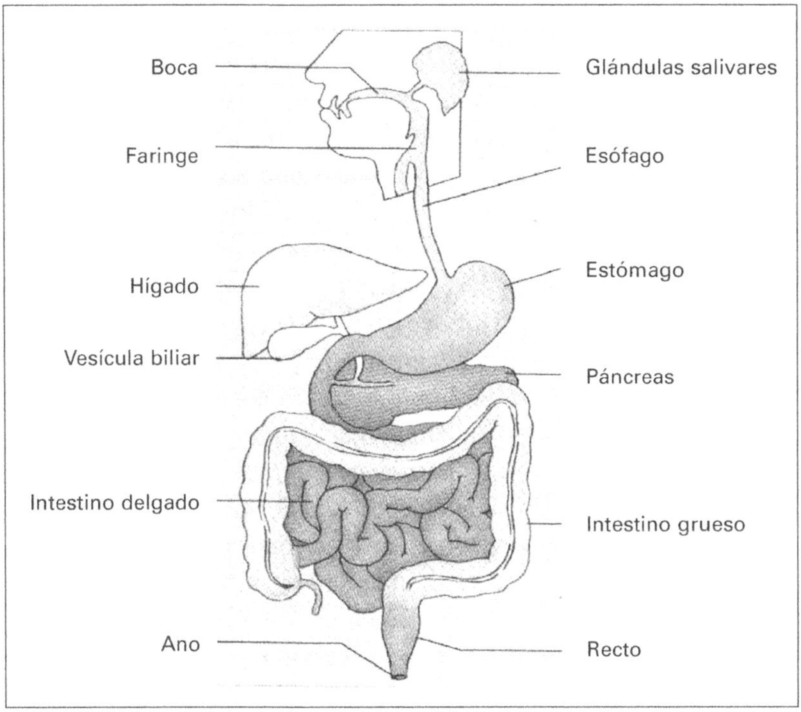

FIGURA 3.1. Aparato digestivo

Esquema del aparato digestivo del ser humano actual. Posee un largo intestino delgado, donde se digieren las proteínas, las grasas y el almidón. El intestino grueso es relativamente corto, incapaz de albergar una eficaz cámara de fermentación, lo que impide que podamos digerir la hierba. También se indican algunos de los órganos anejos como son el hígado o el páncreas.

tan ricos en estos carbohidratos indigeribles? La solución estriba en el hecho de que determinadas zonas del aparato digestivo de los animales está lleno de bacterias y protozoos, los cuales poseen el equipo enzimático adecuado para digerir estos carbohidratos. Cuando un gorila se atiborra de hojas tiernas, ricas en celulosa, dentro de su aparato digestivo las bacterias degradan esta celulosa y producen unos derivados de gran valor nutritivo, que se absorben por el tubo digestivo del gorila, entran en su sangre y se utilizan en su propio metabolismo.

No todos los mamíferos poseen la misma capacidad para procesar los alimentos vegetales ricos en celulosa, ni mediante el mismo mecanismo. Para que un animal sea capaz de extraer la energía contenida en un alimento vegetal necesita disponer de un aparato digestivo con una gran cámara donde las bacterias puedan fermentar la hierba ingerida. Hay muchos tipos, pero los fundamentales se engloban en dos categorías. Algunos tienen la cámara de fermentación en unas dilataciones del estómago, es el modelo de los rumiantes como la vaca o la oveja. Los otros animales herbívoros, como el caballo o el gorila, tienen la cámara de fermentación al final del aparato digestivo, en lo que se denomina intestino grueso, que es muy grande en proporción al tamaño del animal.

Los seres humanos y los perros, por ejemplo, tienen un aparato digestivo muy parecido al del caballo o al del gorila, pero tienen un intestino grueso muy pequeño en proporción a su tamaño corporal. Es decir, que la cámara de fermentación es insuficiente y no se puede degradar casi nada de la celulosa que se ingiere. La expulsamos al exterior sin modificar, con lo que aumenta el volumen de las heces y tiene la ventaja de que alivia el estreñimiento. Si tuviéramos un intestino grueso más largo nos podríamos alimentar, en parte, pastando el césped de los jardines; pero hemos perdido a lo largo de la evolución esta ventaja.

La dieta equilibrada de Eva

Con una amplia variedad de alimentos a su alcance como frutas, tallos, hojas, raíces, insectos, reptiles o roedores, el *Ardipithecus ramidus* podía obtener todos los nutrientes necesarios. Los alimentos vegetales, que constituían la dieta diaria de nuestro ancestro de los bosques húmedos, estaban compuestos, en su mayor parte, de hidratos de carbono, con una pequeña proporción de proteínas y, con excepciones (por ejemplo, el cacahuete, el coco o el aguacate), apenas contenían grasa. La alimentación disponible le debía de proporcionar también una abundante provisión de vitaminas, minerales y agua.

Los hidratos de carbono

Los hidratos de carbono se clasifican hoy, desde un punto de vista nutricional, en rápidos y lentos. Los carbohidratos rápidos (puré de patatas, miel) son aquellos en los que las moléculas de azúcares simples están en forma accesible a los enzimas digestivos, lo que permite que su digestión sea rápida. En estas condiciones la glucosa pasa a la sangre a gran velocidad y estimula la secreción de insulina. Pocos minutos tras la ingestión de estos carbohidratos hay elevadas concentraciones en sangre de glucosa y de insulina. El *Ardipithecus ramidus* conseguía estos hidratos de carbono de las frutas muy maduras, ricas en fructosa y glucosa, o de la miel. Pero la mayor parte de la dieta de nuestro ancestro estaría constituida por hidratos de carbono lentos (almidones) y por la fibra (celulosa y pectina). Son los carbohidratos que contienen las hojas y tallos tiernos, las flores y brotes o las frutas verdes y raíces. Son unos carbohidratos que al aparato digestivo le cuesta digerir, tienen que emplearse a fondo los enzimas intestinales y las bacterias del colon para extraerles la glucosa que almacenan y, por eso, la glucosa pasa despacio a la sangre. Después de comer estos hidratos de carbono los niveles de glucosa y de insulina en sangre aumentan lentamente y nunca llegan a ser muy altos.

Las proteínas

Las proteínas son esenciales para el buen funcionamiento del organismo. Cada ser vivo es capaz de fabricar sus propias proteínas a partir de los aminoácidos, que son las piezas fundamentales con las que se construyen estas moléculas tan complejas. Los primates actuales y nuestro antecesor herbívoro probablemente obtenían las proteínas necesarias de las frutas, hojas y tallos y, como las plantas tienen por lo general pocas proteínas, se complementarían a partir de los insectos y de los pequeños animales que atrapaban. Los primates y nuestro antecesor el *Ardipithecus ramidus* evolucionaron en bosques tropicales húmedos en los que predominaban las plantas dicotiledóneas y, en consecuencia, las gramíneas (monocotiledóneas) no estarían disponibles para nuestros antepasados. Además, imaginen la dificultad de recolectar grano a grano de espigas dispersas entre otras muchas plantas y con las dificultades de manipulación que tenían nuestros ancestros. Ya veremos que los cereales y las legumbres como alimentos fueron una adquisición muy reciente en nuestra evolución.

No se corre el riesgo de no consumir la suficiente cantidad de proteínas con una alimentación vegetariana. Las cuentas serían según Milton así: un chimpancé adulto de unos 41 kg consume unos 1.500 g de peso seco de vegetales por día. Si todo fueran frutas, con una media de 3,2 g de proteínas por 100 g de peso seco, el chimpancé ingeriría 48 g de proteínas por día. Esto significa aproximadamente 1 g de proteínas por kg de peso corporal y por día, que es exactamente la recomendación para un primate (sea humano o chimpancé) cuando se ingieren proteínas de elevada calidad biológica. El problema es que las proteínas vegetales son de baja calidad biológica, esto quiere decir que les faltan algunos de los aminoácidos que necesitamos los primates para construir nuestras propias proteínas. Nuestro ancestro solucionaba la cuestión, como el chimpancé actual: mediante la variedad de vegetales consumidos y complementando su dieta con insectos y pequeños animales, que aportan el complemento proteico de elevada calidad biológica necesario.

Las grasas

Los primates que habitan en la actualidad las selvas tropicales y nuestros ancestros del bosque no necesitaban acumular excesivas reservas de grasa, ya que en estos hábitats la comida es siempre accesible y no está previsto que haya carencias alimenticias prolongadas. Las grasas que se acumulan en el tejido adiposo son triglicéridos compuestos por tres ácidos grasos ensamblados por una molécula de glicerina. Estos ácidos grasos son ristras más o menos largas de átomos de carbono unidos por enlaces químicos como las cuentas de un collar. Si todas esas cuentas están unidas por un solo enlace, se denominan ácidos grasos saturados (un ejemplo es el ácido palmítico, C16:0). Cuando algunos de los átomos de carbono están enlazados por un doble enlace se denominan ácidos grasos monoinsaturados (un ejemplo es el ácido oleico, C18:1). La misión fundamental de estos dos tipos de ácidos grasos en el organismo es la de servir de combustible, sobre todo para las células musculares. Hay que insistir en que todos los mamíferos, y entre ellos los primates, pueden sintetizar todos los componentes de la grasa (triglicéridos) a partir de la glucosa, así que el *Ardipithecus ramidus* podía fabricar toda la grasa necesaria a partir de los hidratos de carbono que ingería con los vegetales, y ello incluye el colesterol, que fabrica el hígado a partir de ácido acético, que en parte deriva del metabolismo de la glucosa.

Los ácidos grasos esenciales

Hay un tercer grupo de ácidos grasos que, dada su importancia para nuestra salud, vamos a analizar con cierto detalle. Para nuestros antecesores, como para los grandes simios de hoy, o para nosotros mismos, los únicos lípidos indispensables son los llamados ácidos grasos esenciales (llamados así porque no los podemos fabricar en nuestro propio organismo), y todos son ácidos grasos poliinsaturados, es decir, dos o más de sus átomos de carbono están unidos por dobles enlaces. Los dos ácidos grasos esenciales son el ácido linoleico y el linolénico. Estos ácidos grasos esenciales, en especial el linoleico, son abundantes en las plantas, sobre todo en los frutos secos y en las semillas de las frutas. Por lo tanto, nuestro antecesor tendría asegurado el aporte de estos nutrientes con su dieta habitual. Vamos a insistir un poco más en estos ácidos grasos. Y le voy a explicar la razón. Fíjese que si yo escribo estas líneas y usted es capaz de leerlas es porque en algún momento de nuestra evolución se desarrolló un cerebro que permite estas habilidades extrañas que ningún otro animal es capaz de desarrollar. Pues bien, como veremos más adelante, los ácidos grasos poliinsaturados desempeñaron un papel esencial en el desarrollo evolutivo de nuestro cerebro. Además, para los seres humanos que vivimos en el siglo XXI, estos ácidos grasos están de moda hasta el punto de que es imposible permanecer delante de la televisión durante una hora sin escuchar un anuncio de algún producto alimenticio que los contenga.

Cada ácido graso tiene un nombre propio (por ejemplo, oleico) y una clave de identidad (C18:1), donde «C18» significa que está compuesto por 18 átomos de carbono y «:1» indica que sólo tiene un doble enlace. El esteárico (C18:0) tiene 18 átomos de carbono y ningún doble enlace. Los ácidos grasos poliinsaturados pueden pertenecer a dos grandes familias. De la familia omega 6 (ω-6 también n-6), el representante esencial es el ácido linoleico (C18:2; ω-6), con 18 carbonos y dos dobles enlaces; y de la familia omega 3 (ω-3 también n-3), su representante esencial es el ácido linolénico (C18:3; ω-3), de 18 carbonos y tres dobles enlaces. La clave omega sólo hace referencia a la ubicación del primer doble enlace en la cadena de átomos de carbono del ácido graso (en el carbono 3 o en el carbono 6).

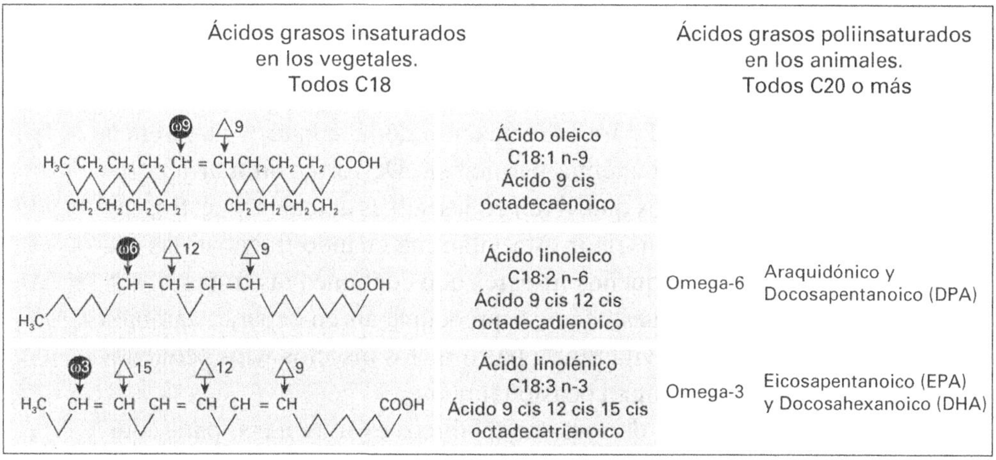

FIGURA 3.2. Los ácidos grasos insaturados

Los ácidos grasos se componen de largas ristras de átomos de carbono e hidrógeno, que se unen carbono a carbono mediante unos puentes o enlaces. Normalmente cada átomo de carbono se une a su vecino por un solo enlace (saturados), pero en algunas ocasiones la unión se establece mediante un enlace doble (insaturados). Según la posición donde se coloquen estos dobles enlaces en la molécula del ácido graso, tendremos tres tipos de ácidos grasos insaturados. Si está en el carbono 9, son los omega 9, cuyo representante vegetal es el ácido oleico. El primero de los dobles enlaces está en el carbono 6 en los omega 6; el representante vegetal es el ácido linoleico. Y si el primero de los dobles enlaces está en el carbono 3, se trata de los ácidos grasos omega 3, cuyo representante vegetal es el ácido linolénico. A partir de estos ácidos grasos vegetales se forman los ácidos grasos ploliinsaturados de los animales, mediante enzimas que prolongan las cadenas (elongasas) y que aumentan el número de dobles enlaces (desaturasas). C18 y C20 se refiere al número de átomos de carbono.

Las vitaminas

Las vitaminas son aquellos nutrientes indispensables para poder vivir y que estamos obligados a obtener de los alimentos, ya que no podemos fabricarlos dentro de nuestro organismo. Nuestro ancestro el *Ardipithecus ramidus* seguramente obtenía todas las vitaminas necesarias a partir de los alimentos a su alcance, de la misma forma que hoy las obtienen los primates como el chimpancé que habita los bosques húmedos. Respecto a las vitaminas hay que hacer dos consideraciones de interés. Los vegetales carecen de la vitamina B_{12}, que sólo se encuentra en alimentos de origen animal. Esta vitamina es esencial para la formación de la sangre y su carencia ocasiona la llamada anemia perniciosa. De forma similar a como sucede con los simios que viven en las selvas actuales, nuestros antecesores podían conseguir esta vitamina cuando tragaban las numerosas larvas y pequeños insectos que contienen las frutas silvestres y que, por supuesto, no se preocupaban en separar; también podían obtener esta vitamina a partir de los insectos y los pequeños animales que consumían ocasionalmente.

Desde un punto de vista metabólico, es muy caro, para cualquier organismo vivo, el tener que fabricar él mismo todos los nutrientes que precisa (autotrofismo), si los puede conseguir fácilmente a partir de algún alimento. Esto supone un ahorro de trabajo metabólico. En el reino animal, la selección natural siempre ha favorecido a aquellas especies que redujeron el autotrofismo y pasaron a depender de determinados alimentos para cubrir todas sus necesidades de nutrientes. Un ejemplo de esta adaptación en nuestra evolución nos lo proporciona la vitamina C o ácido ascórbico.

Todos los animales pueden fabricar el ácido ascórbico a partir de la glucosa que contienen todos los alimentos vegetales, en mayor o menor cantidad. Esto lo logran porque sus células poseen un enzima, la L-gluconato oxidasa, que cataliza esa conversión metabólica. Pero hace millones de años en algún primate ocurrió una mutación en las rutas metabólicas encargadas de sintetizar la vitamina C en el organismo. Esto produjo una situación de extremo riesgo, que, sin embargo, tuvo consecuencias positivas. La vitamina C es un antioxidante, uno de los agentes que se encargan de controlar a los temibles Radicales Libres de Oxígeno. Estos agentes oxidantes atacan diversas moléculas en nuestro organismo, y en especial el ADN, ocasionando la desorganización de su estructura y mutaciones. Posiblemente estos antecesores, con sus capacidades de controlar a los Radicales Libres muy disminuidas, estuvieron expuestos a un incremento de las mutaciones, que en muchas ocasiones serían perjudiciales, pero que algunos opinan que fue una circunstancia que contribuyó en gran medida a nuestra propia evolución.

A diferencia de la mayor parte de los mamíferos, que pueden sintetizar la vitamina C a partir de la glucosa, todos los primates, incluidos los seres humanos, carecen del enzima L-gluconato oxidasa, que cataliza la etapa final de la síntesis de ascórbico a partir de la glucosa. Por esta razón los primates, y nosotros entre ellos y, por supuesto, nuestro ancestro de hace cinco millones de años, nos vimos obligados a ingerir alimentos ricos en vitamina C, como frutas y hojas tiernas, para gozar de sus efectos protectores contra la oxidación. La amplia distribución de fuentes de vitamina C en los vegetales de los bosques tropicales y la capacidad de los primates para consumirlos aseguró que ese nutriente pudiera ser aportado sólo por la dieta, ahorrando el esfuerzo metabólico de sintetizarlo.

Los minerales

Para poder sobrevivir todos los animales necesitamos ingerir con los alimentos un conjunto de minerales, de los que destacan el sodio, el potasio, el yodo, el calcio, el hierro y el flúor. Nuestro antecesor debía de estar bien abastecido de estos importantes nutrientes, ya que las frutas y los vegetales son ricos en estos minerales. Estudios realizados en frutas y en hojas silvestres, similares a las que ingieren los simios actuales en sus selvas originales, muestran la gran riqueza de estos vegetales en minerales. Los frutos silvestres, superan a los cultivados en el contenido de algunos minerales como el cobre, el hierro, el sodio y el calcio.

Las digestiones de Eva

Vemos que hoy existen pocas dudas acerca del hecho de que los humanos procedemos de la evolución de unos ancestros herbívoros, que dependían casi exclusivamente de las plantas para su alimentación, aunque no se descarta una cierta tendencia omnívora oportunista. Es decir, que aunque su dieta fundamental consistiera en frutos, hojas, brotes, flores y raíces, no despreciaban una apetitosa oruga que se encontrasen o algún ratoncillo el que pudieran atrapar. Esta dieta era equilibrada y les proporcionaba todos los nutrientes necesarios y en las proporciones adecuadas.

Ya hemos adelantado que los hidratos de carbono en los alimentos vegetales se encuentran en dos formas: como azúcares simples (glucosa, fructosa o sacarosa) o como azúcares complejos, de los que unos son digeribles por los enzimas intestinales (el almidón) y otros necesitan la colaboración de microorganismos intestinales. Estos polisacáridos son las fibras vegetales de las que a su vez hay dos tipos: las fibras solubles (como las pectinas) y las fibras insolubles (como la celulosa). El *Ardipithecus ramidus* debería de consumir frutas de características similares a las que consumen los primates en las selvas de hoy. Estas frutas silvestres tienen muchas diferencias con las frutas cultivadas que consumimos los humanos en la actualidad. Por ejemplo, los azúcares más abundantes en las frutas silvestres son azúcares simples como la fructosa y la glucosa, mientras que en las frutas cultivadas predominan la fructosa y la sacarosa. Éstas y otras modificaciones han resultado como consecuencia de una selección artificial para ofrecer mejores condiciones de sabor y de comercialización.

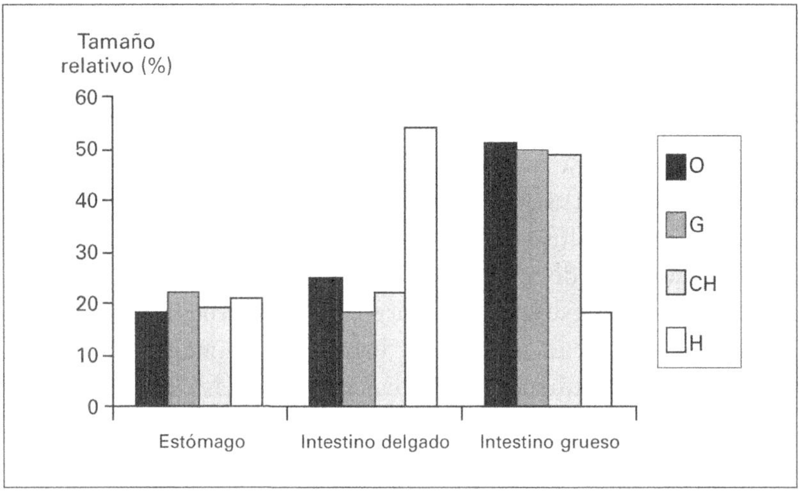

FIGURA 3.3. Comparación entre el aparato digestivo humano y el de otros primates

Se muestran las proporciones relativas del estómago, intestino delgado e intestino grueso en orangutanes (O), gorilas (G), chimpancés (CH) y humanos(H). Se aprecia la gran reducción en el tamaño del colon (intestino grueso) en los humanos, lo que nos incapacita para digerir grandes cantidades de vegetales. Los datos se han elaborado a partir del estudio de K. Milton (1999).

Para digerir esta abundante dieta vegetal, nuestros ancestros tenían que poseer un aparato digestivo similar al que disfrutan los grandes primates de hoy día y que es, en parte, bastante parecido al nuestro. Poseerían un estómago de una sola cavidad, con un jugo gástrico muy ácido. En este saco se iban almacenando los alimentos que se masticaban y tragaban y se les sometía a una digestión previa. En el estómago, los vegetales triturados, mezclados con los enzimas de la saliva y con los enzimas del propio estómago, son sometidos a un efecto de batido y mezcla hasta que se convierten en una papilla.

Luego esta papilla pasa al intestino delgado, muy largo (constituye del 20 al 30 por 100 del total del aparato digestivo), en el que se realizan dos funciones esenciales. Por una parte se digieren los almidones hasta convertir estas moléculas complejas en glucosa. La segunda función es la absorción de todos los azúcares, que pasan a la sangre y se distribuyen por todo el organismo para su asimilación.

Finalmente poseían un colon o intestino grueso, saculado y de gran capacidad, en el que se finalizaba la digestión, sobre todo de la fibra contenida en los vegetales (una adecuada cámara de fermentación), y que debía de representar más del 45 por 100 del tamaño total del aparato digestivo. En ese largo intestino grueso (colon) nuestros ancestros poseían millones de bacterias que integran la llamada flora intestinal, pequeños y abundantes huéspedes capaces de digerir la fibra que les llegaba. Esta fermentación ocasiona azúcares sencillos, ácidos grasos volátiles y gases. Muchos de estos productos eran absorbidos y asimilados por el organismo, y otros, en especial los gases, eran expulsados al exterior. Se ha calculado que en los hominoides ancestrales la fermentación de la fibra en el intestino grueso podría proporcionar hasta un 50 por 100 de la energía necesaria.

Hoy los seres humanos poseemos un aparato digestivo similar al del chimpancé y por asimilación al de nuestro antecesor *Ardipithecus ramidus*, con dos diferencias dignas de reseñar: el intestino delgado se ha hecho más largo que el de nuestros parientes primates (56 por 100 del total) y el intestino grueso se ha hecho más corto (20 por 100 de todo el intestino humano) y es insuficiente para que las bacterias actúen con eficacia, por eso no podemos alimentarnos exclusivamente de hierba, tallos y hojas; hemos dejado de ser herbívoros.

Además de la estructura, la velocidad del movimiento de los alimentos a través de los diferentes compartimentos digestivos es otro factor importante en relación con la elección de alimentos del entorno. En general, el alimento tiende a ser retenido dentro del aparato digestivo durante varias horas (alrededor de 48 horas) para poder realizar con eficacia el proceso de digestión y extraer la totalidad de los nutrientes que contienen los alimentos.

La cuestión de la energética

Todo ser vivo necesita consumir energía para vivir. De la misma forma que un coche consume energía en forma de gasolina y con esa energía produce movimiento, refrigeración o calor, electricidad, sonido, etc., los seres vivos gracias a la energía contenida en los alimentos llevan a cabo todas sus funciones biológicas. Una dieta equilibrada para cualquier animal debe proporcionar la energía necesaria para que pueda realizar sus funciones y reproducirse. La unidad energética de los seres vivos es la kilocaloría (últimamente se está utilizando el kilojulio; una kilocaloría equivale a 4,2 kilojulios).

Hay dos conceptos fundamentales a los que se destina el gasto energético en los animales. Uno es el llamado metabolismo basal, que es el gasto energético que se emplea en mantener en funcionamiento todos los sistemas vitales: el corazón latiendo, los pulmones inflándose y desinflándose, el intestino moviéndose y produciendo secreciones, el cerebro manteniendo su actividad, los músculos manteniendo un cierto grado de contracción permanente (tono), las glándulas produciendo sus secreciones y fabricando las hormonas; es decir, el metabolismo basal es lo que cuesta a un animal permanecer vivo, sin realizar movimiento alguno. El otro capítulo del gasto energético es el consumo energético por ejercicio, la energía que un animal gasta al moverse.

Cualquier animal, para poder vivir y moverse, necesita ingerir el combustible suficiente en forma de alimentos. Los hidratos de carbono y las proteínas proporcionan menos energía (4 kilocalorías por gramo) que las grasas (9 kilocalorías por gramo). Los alimentos que el *Ardipithecus ramidus* podía encontrar hace cinco millones de años, como los que se pueden conseguir hoy en día, poseen muy diversa densidad calórica. Este término alude a la proporción entre cantidad de alimento y número de calorías que proporciona. Por ejemplo, nuestro antepasado, para ingerir 1.000 kilocalorías necesitaría comer 200 gramos de miel o 5.000 gramos de hojas tiernas. La densidad calórica de los alimentos determina el volumen que hay que ingerir para conseguir las calorías necesarias para mantener las necesidades energéticas. Por esta razón el volumen de alimentos ingeridos diariamente es mayor en los herbívoros que en los carnívoros. A un pastor alemán, para estar bien alimentado, le basta con unos pocos gramos de carne y de grasa al día; a una oveja, del mismo tamaño que el perro, tendríamos que darle varios kilos de hierba.

A lo largo de la evolución, una de las formas de resolver esta cuestión de la baja cantidad de combustible que proporcionan los alimentos vegetales fue el aumento del tamaño corporal de los herbívoros mamíferos. Ante una dieta de menor calidad, hay que comer más cantidad y para eso hay que tener un mayor aparato digestivo en un cuerpo más voluminoso. Además, la menor densidad energética de la dieta habitual de un animal se asocia con una menor motilidad y una reducción de la actividad (social y de juegos) con el fin de reducir así el gasto energético.

Según la hipótesis de Milton, el gran tamaño de algunos primates fue la estrategia evolutiva (aumentar de tamaño) para permitir la supervivencia alimentándose de plantas de baja densidad energética y comiendo más cantidad (los machos de gorila y orangután pesan 160 y 70 kg, respectivamente). Según esta hipótesis, además, estos grandes simios debieron de modificar sus patrones de conducta para consumir poca energía. La ingesta de energía en los grandes monos estaría tan limitada que la evolución se vio forzada a suprimir conductas y movimientos no esenciales, para así ahorrar energía. Los gorilas y orangutanes que siguen habitando las mismas selvas tropicales, sin cambios estacionales y que no han variado en veinte millones de años, llevan unas vidas muy tranquilas, con muy poca actividad, y así ahorran energía. Incluso los orangutanes viven en aislamiento casi permanente.

Los chimpancés, a pesar de que también habitan en un ambiente boscoso sin cambios estacionales, desarrollaron una estrategia evolutiva diferente, ampliaron su oferta alimenticia especializándose en una alimentación basada en frutas maduras, hojas tiernas, flores, invertebrados, como termitas, y algunos vertebrados; incluso llegan a consumir la carne de otros monos de menor tamaño, a los que dan caza de una manera organizada y utilizando una estrategia bien planificada. Esta dieta mixta les permitió evolucionar, con una vida social más activa, mayor movilidad y un menor tamaño corporal (el macho pesa unos 48 kg).

La estrategia del chimpancé debió de ser la misma que desarrollaron nuestros ancestros; de hecho ya hemos señalado que chimpancés y seres humanos hemos compartido durante algunos millones de años un antecesor común y seguimos siendo tan parecidos que ya adelantamos que nos diferenciamos en menos del 1 por 100 de nuestro material genético.

La asimilación de la glucosa

Hace cinco millones de años, el *Ardipithecus ramidus* como los chimpancés en la actualidad, procesaba los alimentos dentro del aparato digestivo hasta transformarlos en glucosa, ácidos grasos y aminoácidos, que son los ladrillos esenciales para construir y hacer funcionar a nuestro organismo, los nutrientes. Estas moléculas pasaban al interior del organismo a través de la pared del intestino y eran distribuidas por los distintos órganos. Ya hemos visto que dada la alimentación herbívora de nuestro ancestro, la glucosa representaría la casi totalidad del material nutritivo absorbido en el intestino. Además, al habitar un bosque tropical abundante en vegetales todo el año, el aporte de glucosa era continuo.

¿Cómo se asimilaba esta glucosa que llegaba abundante y de forma continuada? Cuando la glucosa aparece en sangre por encima de los valores basales (los del estado de ayuno), estimula la secreción de insulina por el páncreas. La insulina, como ya se ha visto, tiene por misión unirse a unos receptores situados en la superficie

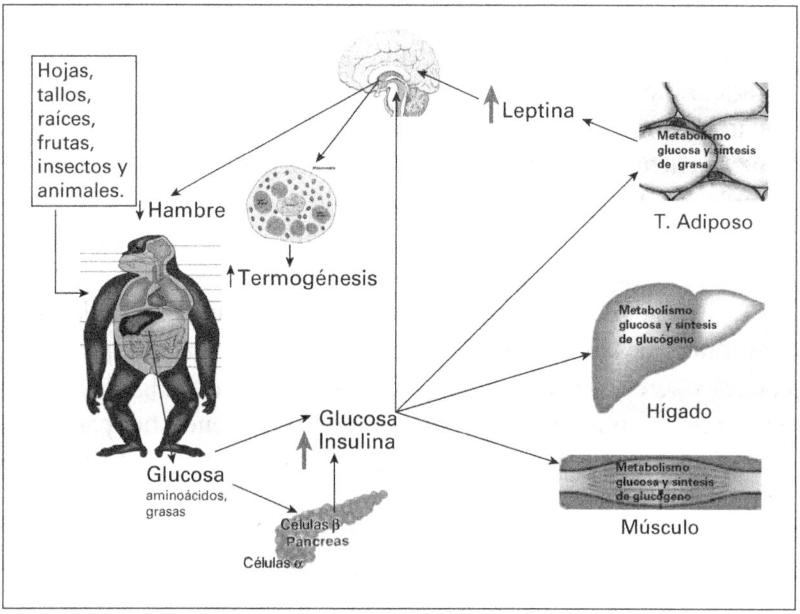

FIGURA 3.4. Regulación del balance energético en un simio

La digestión de los alimentos, fundamentalmente vegetales, produce grandes cantidades de glucosa, algo de aminoácidos y muy poca grasa. La glucosa , al aumentar en sangre, estimula la secreción de insulina. Esta hormona promueve la entrada de glucosa en músculo y tejido adiposo y su metabolismo en ambos y en el hígado. Cuando se produce un abundancia reiterada de alimentos y aumenta el tamaño del tejido adiposo, éste segrega la hormona leptina que, al actuar sobre ciertos receptores cerebrales, ocasiona la disminución de la sensación de hambre y aumenta el gasto energético de todo el organismo. Si hay falta de alimentos (adelgazamiento), disminuye la leptina, se activa la sensación de hambre y se reduce el gasto metabólico.

de algunas células (sobre todo en tejido adiposo y en músculo) y así abrir los canales por los que la glucosa penetra en el interior de la célula. Además, la insulina estimula la utilización metabólica de la glucosa en hígado, músculo y tejido adiposo. Nuestros ancestros, como los primates hoy día, debían de tener una elevada sensibilidad a la insulina, es decir, que esta hormona llave penetraba en sus cerraduras celulares con gran facilidad y ejercía su función con la máxima eficacia. Poseer una elevada sensibilidad a la acción de la insulina es una característica de la mayor parte de los animales herbívoros.

Así, la insulina, al actuar sobre el hígado, permitía una rápida asimilación de la glucosa que aquí se transforma en glucógeno, un polisacárido formado por numerosas unidades de glucosa y que constituye una pequeña reserva de combustible para utilizar en situaciones de emergencia. La insulina, al actuar sobre los receptores de las células del músculo, abría las compuertas para que penetrase la glucosa y se metabolizase en las células musculares. Una parte de la glucosa se acumulaba como glucógeno muscular, para proveer a las fibras contráctiles de energía de primera mano, por si se requería un esfuerzo muscular inmediato. La insulina se unía también a sus receptores en las células grasas del tejido adiposo y estimulaba la entrada de glucosa y su transformación en grasa. La pequeña cantidad de reserva grasa que acumulaban nuestros ancestros procedía fundamentalmente de la glucosa. Ya hemos adelantado que nuestros ancestros, como los primates que habitan las selvas actuales, no necesitaban acumular grandes reservas de grasas, ya que disponían de alimentos abundantes en todas las épocas del año. Los grandes depósitos adiposos sólo son indispensables en aquellas especies que habitan entornos donde se prevén largos períodos sin alimentos y, por tanto, su diseño les permite sobrevivir a prolongados períodos de ayuno; en caso contrario, la acumulación de grandes cantidades de grasa es un desperdicio de peso y de energía que no aporta ninguna ventaja de supervivencia.

Una parte importante de la glucosa que penetraba en el organismo del *Ardipithecus ramidus* se reservaba para ser consumida por el cerebro. Este tejido tan especial, en condiciones normales, sólo puede consumir glucosa y no se requiere de la insulina para que permita la entrada de glucosa a las neuronas. Es tan esencial que el cerebro disponga siempre de suficiente glucosa para funcionar que la menor carencia de este combustible ocasiona serios trastornos cerebrales, como ocurre en las personas que sufren ataques de hipoglucemia por descensos bruscos de la glucosa en la sangre cuando pasan demasiadas horas sin comer.

Vemos, pues, que en nuestros ancestros la asimilación de la glucosa ingerida se realizaba por influencia de la insulina y bajo una situación de elevada sensibilidad de los receptores y sistemas enzimáticos a la acción de la hormona, lo que ocasionaba que, en pocos minutos, los valores de glucosa en sangre retornaran a sus cifras basales, de antes de las comidas.

La hora de comer

Nuestros antecesores, los *Ardipithecus ramidus* que habitaban el frondoso bosque tropical, no tenían que esforzarse mucho para conseguir los alimentos que precisaban. Comían cuando tenían hambre y dejaban de hacerlo cuando estaban saciados. ¿Cómo se regulaba en este pariente nuestro el ciclo de hambre y saciedad? En todos los animales, incluido el ser humano, el dispositivo básico del control del hambre y de la saciedad reside en una zona del cerebro que se llama hipotálamo, aunque el comportamiento alimentario global es la consecuencia de un sistema muy complejo, en el que se interrelacionan numerosos factores.

Una agrupación de neuronas situadas en el hipotálamo lateral, en la profundidad del cerebro, constituye el núcleo cuya estimulación desencadena una imperiosa necesidad de ingerir alimentos, es el «centro del hambre». Los impulsos de estas neuronas del hambre se potencian por influencias diversas, como son el estómago vacío o un descenso de la glucosa en la sangre; ambas señales alertan de la necesidad de introducir en el cuerpo algo de combustible. Estas neuronas del hambre se influencian también por varios neurotransmisores, como son las catecolaminas, que inhiben su actividad. Esta es la causa de que antes se utilizaran fármacos tipo catecolaminas (anfetaminas o simpatinas) para suprimir la sensación de hambre en el tratamiento de la obesidad.

La agrupación de neuronas situadas en el hipotálamo medial o central constituye el núcleo encargado del control de la saciedad: es el «centro de la saciedad». La estimulación de estas neuronas desencadena una inhibición del hambre. Los impulsos de estas neuronas de la saciedad se potencian por diversos factores, como son el llenado del estómago o la elevación de la cifra de glucosa en sangre; ambos sugieren una abundancia de nutrientes dentro del cuerpo: se apaga el piloto rojo cuando el depósito está lleno. También

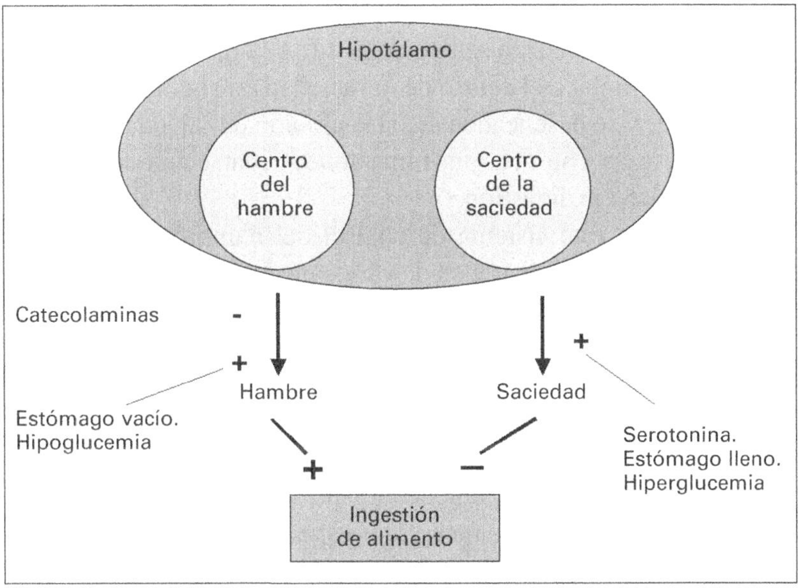

FIGURA 3.5. Mecanismos básicos para el control del hambre y de la saciedad

El ciclo básico de hambre y saciedad se controla a nivel del hipotálamo. Las neuronas de los núcleos laterales desencadenan la sensación de hambre. Las neuronas de los núcleos centrales desencadenan la sensación de saciedad. Diversas influencias, como las que se muestran en la figura, estimulan o inhiben la actividad de esas neuronas.

diversos neurotransmisores influencian su actividad; destaca por su importancia la serotonina, que estimula específicamente la saciedad y, por lo tanto, inhibe el hambre. Los medicamentos que, científicamente probados, reducen el hambre y se prescriben hoy para el tratamiento de la obesidad, son fármacos que aumentan la serotonina cerebral.

De esta forma, cuando el *Ardipithecus ramidus* llevaba unas horas sin comer, se vaciaba su intestino y bajaban los niveles de glucosa en sangre. Estos factores estimulaban el centro del hambre en los núcleos hipotalámicos laterales y se desencadenaba la sensación de hambre. Nuestro ancestro se aposentaba en un árbol lleno de frutas y comía hasta que su estómago quedaba repleto de alimento y la glucosa comenzaba a aumentar en su sangre. En estas condiciones se estimulaba el centro de la saciedad en el núcleo hipotalámico medial y se desencadenaba la sensación de saciedad. Nuestro pariente buscaría entonces una rama donde echarse una siesta mientras completaba la digestión.

Además de este sistema de control del hambre a corto plazo (horas), los animales disponen de varios mecanismos que controlan el balance corporal de la energía a largo plazo (días). Uno de los principales está protagonizado por la leptina, una hormona que se fabrica y se secreta en las células adiposas. La disponibilidad de alimentos en abundancia hace que el exceso de energía se acumule, por influencia de la insulina, en forma de grasa dentro de los adipocitos. Cuando estos aumentan de tamaño secretan leptina que llega al cerebro y se une a unos receptores específicos y, entre otras, ponen en marcha dos tipos de acciones: por una parte, inhiben el hambre, y por otras activan el sistema nervioso simpático, que estimula el metabolismo y hace que se queme más combustible graso. Así se evita que la acumulación de grasa sea excesiva. En situaciones de hambruna, disminuyen las reservas de grasa y el animal adelgaza. Los adipocitos dejan de secretar leptina. Los niveles bajos de esta hormona activan los mecanismos del hambre e inhiben al sistema nervioso simpático por lo cual se reduce el gasto metabólico y, de esta forma, se ahorra combustible graso. Esta es una de las razones que justifican que cuando se sigue una dieta para perder peso, los primeros kilos se pierden con rapidez, luego la pérdida de peso se detiene a pesar de seguir la misma dieta. El organismo interpreta que se están perdiendo reservas de combustible y, para ahorrar, reduce el gasto metabólico.

Sálvese quien pueda

La existencia idílica de nuestro ancestro, habitante de aquellos bosques tropicales, no estaba exenta de riesgos. Su vida estaba constantemente amenazada por peligrosos depredadores que acechaban desde el cielo, desde el suelo o desde las propias ramas de los árboles en los que el *Ardipithecus ramidus* pasaría casi la totalidad de su existencia. Aves rapaces gigantescas podían caer sobre ellos mientras degustaban deliciosos frutos en la copa de un árbol, temibles serpientes podían atenazarlos sobre la gruesa rama en la que descansaban y felinos poderosos podían atraparlos cada vez que se aventuraban a buscar gusanos entre el humus del suelo del bosque. De todos esos enemigos debía precaverse el *Ardipithecus ramidus* y ser capaz de escapar si se veía amenazado.

El mecanismo que permitía a nuestros antecesores huir con rapidez y eficacia, en la mayor parte de las ocasiones, es muy similar al dispositivo de emergencia del resto de los animales y, por supuesto, al que poseemos nosotros mismos (es el estrés). Lo que activaría el dispositivo de defensa sería la percepción de una situación de emergencia, como podría ser el ver acercarse a un jaguar, o a una enorme serpiente, o escuchar el batir de las alas de una gigantesca águila. Estos estímulos serían captados por el cerebro, que activaría unos núcleos situados en el hipotálamo, que desencadenarían varias respuestas (estrés), esenciales para la supervivencia.

En primer lugar se activa un mecanismo nervioso, llamado sistema simpático, el cual actúa mediante la hormona adrenalina y el neurotransmisor noradrenalina. El sistema simpático, por una parte, frena todas aquellas funciones que no son indispensables para resolver la emergencia, como son la digestión, la reproducción o el crecimiento. Por otra parte, activa aquellas funciones indispensables para sobrevivir, como el sistema cardiocirculatorio, donde controla que el corazón lata más deprisa y bombee sangre con más fuerza y a más presión, para que lleguen más oxígeno y combustible a los músculos y al cerebro. Estos dos son los órganos protagonistas en la supervivencia, que siempre es de lucha o de huida, lo que implica movimiento muscular y atención. El aparato respiratorio también se acelera por acción del sistema simpático para que llegue más oxígeno a los músculos y para eliminar el exceso de anhídrido carbónico que se produce como consecuencia del trabajo muscular intenso.

A la vez, se pone en marcha la secreción de una serie de hormonas, como el glucagón y el cortisol, que tienen como misión fundamental proporcionar el combustible necesario para que el músculo pueda contraerse con potencia y rapidez y mantener el aporte de glucosa al cerebro para que este órgano pueda reaccionar con eficacia. Con este fin, las hormonas actúan sobre el hígado y vacían sus depósitos de glucógeno transformándolos en glucosa que sale a la circulación de la sangre. También actúan sobre el hígado y sobre el tejido graso, donde rompen las grasas acumuladas, lo que permite que salgan a la sangre gran cantidad de ácidos grasos que son quemados por las células musculares para obtener energía.

Los músculos que en estas condiciones reciben gran cantidad de combustible y de oxígeno pueden contraerse con eficacia y permitir que nuestro antecesor amenazado se salve a tiempo, escondiéndose o saltando a una rama de otro árbol. El cerebro está permanentemente abastecido de glucosa para conseguir las condiciones óptimas que le permitan reaccionar rápidamente y con precisión. Casi todos los combustibles movilizados son consumidos en el proceso de salvamento o durante la recuperación inmediata tras el esfuerzo.

El diseño del *Ardipithecus ramidus*

A lo largo de este capítulo hemos presenciado cómo la evolución adaptó el diseño de nuestro antecesor, habitante de los bosques tropicales de hace cinco millones de años, para alimentarse de forma continua mediante una dieta rica en hidratos de carbono, la mayor parte de ellos complejos y muy abundantes en fibra. Era un vegetariano frugívoro y folívoro y el complemento necesario de proteínas y de grasa lo obtendría mediante la ingestión ocasional de algunos insectos, reptiles o pequeños mamíferos. Esta alimentación permitía un procesamiento de los nutrientes, fundamentalmente la glucosa, regido por la insulina, por la que su sistema celular tenía una gran sensibilidad, lo que permitía una asimilación eficiente de la glucosa. Nuestro antecesor habitante de los bosques, como cualquier otro herbívoro, no debería de presentar la característica de insulinorresistencia en su diseño metabólico.

En el medio en el que habitaba, el agua era abundante y la temperatura constante. Su vida transcurría entre las ramas de los árboles y sólo en ocasiones bajaba al suelo para conseguir algún alimento. Su nivel de actividad física era elevado, fundamentalmente mediante la braquiación saltaba de rama en rama y sobre el suelo caminaba con torpeza a lo largo de cortos trayectos. Se defendía de los peligros que le amenazaban mediante un sistema de alerta y de respuesta (estrés) diseñado para sobrevivir a las amenazas a través del movimiento muscular, mediante la lucha o la huida, similar al que poseen el resto de los animales y nosotros mismos.

En este sistema defensivo tenemos un buen ejemplo de lo que es un uso inadecuado de un diseño evolutivo. Hoy, ese dispositivo con movilización de tantos sistemas y metabolitos no se pone en marcha cuando un águila gigantesca se nos echa encima o un jaguar nos persigue. No. Hoy, este dispositivo de emergencia se pone en marcha, por ejemplo, cuando nuestro jefe nos abronca en la oficina, o cuando repasamos el balance negativo de nuestro negocio. Son situaciones de emergencia, de peligro, como lo eran el águila o el jaguar para el *Ardipithecus ramidus*. Pero nuestro antecesor consumía la energía desencadenada por su reacción defensiva mediante el movimiento muscular, huyendo o luchando. Ese sistema, que nos afecta cada día, en nuestra vida profesional y social, en la mayor parte de los casos, cuando se desencadena, no nos permite una respuesta muscular, sino que permanecemos sentados en nuestra mesa, aguantando la que nos caiga encima. A las consecuencias nefastas para la salud de este mal uso de nuestro diseño evolutivo las llamamos «situaciones de estrés».

Para saber más

Información sobre los cambios climáticos y su repercusión en la flora y la fauna y en la evolución humana se pueden documentar en:

M.H. Trauth, M.A. Maslin, A.L. Deino, M.R. Strecker, A.G.N. Bergner y M. Dühnforth. «High and low latitude forcing of plio-pleistocene East African climate and human evolution», *Journal Human Evolution*, 53, 2007, pp. 475-486.

Si se quiere profundizar en las características de la alimentación de los primates en general, o de la hipotética alimentación de nuestro antecesor el *Ardipithecus ramidus*, en los artículos que se citan a continuación se hallará abundante información, bien documentada.

F. A. King, C. T. Yarbrough, D. C. Anderson, T. P. Gordon y K. G. Gould, «Primates», *Science*, 240, 1988, pp. 1.475-1.482.

K. Milton, «Nutritional characteristics of wild primate food: do the diet of our closest living relatives have lessons for us?», *Nutrition*, 15, 1999, pp. 488-498.

—, «Back to basics: why foods of wild primates have relevance for moderns humans health?», *Nutrition*, 16, 2000, pp. 480-482.

Los aspectos relacionados con el mecanismo del estrés y sus implicaciones se pueden consultar en la siguiente referencia:

D. S. Goldstein y B. McEwen, «Allostasis, homeostats, and the nature of stress», Stress, 5, 2002, pp. 55-58.

Más información sobre los mecanismos que controlan el apetito se puede hallar en:

A. S. Levine y C. J. Billington, «Why do we eat?», *Annual Review of Nutrition*, 17, 1997, pp. 597-619.

Información adicional sobre los aspectos generales de la nutrición y alimentación humana puede encontrarse en:

F. García Olmedo, *Entre el placer y la necesidad*, Crítica, Barcelona, 2001

J. E. Campillo Álvarez, *Comer sano para vivir más y mejor*. Ediciones Destino, Barcelona, 2010.

4

La expulsión del Paraíso

La pérdida del Paraíso

Continuando con nuestra historia, ahora nos encontramos prácticamente en el mismo lugar del este de África, donde habitaba nuestro antepasado, el *Ardipithecus ramidus*. No se ha modificado el espacio, pero sí el tiempo; ahora ha transcurrido un millón y medio de años. ¿Se pueden imaginar tal duración? No se esfuercen, semejantes cifras carecen de significado para nuestro cerebro.

En los cientos de miles de años que ya han pasado desde que uno de nuestros antepasados más remotos, el *Ardipithecus ramidus*, prosperó en las densas selvas lluviosas, continuó el lento y progresivo enfriamiento global del planeta a causa de los cambios astronómicos y de los movimientos de la corteza terrestre. Avanzó la sequía en el este africano, como consecuencia del enfriamiento general acrecentado por el levantamiento de las montañas en el valle del Rift, y las grandes selvas se fueron reduciendo en esa zona. Los bosques seguían clareándose y las masas boscosas se fragmentaban y se aislaban, interrumpidas por extensiones abiertas de sabana. La selva estaba siendo sustituida por la sabana, poco a poco, imperceptiblemente, milenio a milenio. Esta evolución del clima aún hoy continúa, y es perceptible desde un punto de vista cuantitativo, por ejemplo, en el avance de la sequía y de la desertización en el sureste de España.

A nuestros antepasados de la especie *Ardipithecus ramidus*, que quedaron aislados por barreras infranqueables en aquellas regiones, año tras año, milenio a milenio, cada vez les resultaba más difícil conseguir frutos en los árboles. Sus muelas, sin la limitación de los colmillos, podían triturar los vegetales más duros, pero nuestros antecesores se veían obligados a aventurarse en espacios abiertos, ya que las fuentes de aprovisionamiento estaban más dispersas. Para alimentarse precisaban recorrer territorios muy amplios: descender de los árboles para buscar raíces y frutos y caminar por el suelo largas distancias, hasta encontrar otro bosque con alimentos. Esto ocasionaba un continuo problema de supervivencia. Un chimpancé a cuatro manos puede correr con bastante velocidad, incluso ello le permite escapar de un depredador; pero sólo si ha de recorrer el corto trecho preciso hasta que encuentra la salvación en una rama a la que pueda trepar. Para un simio con la estructura ósea de un chimpancé es muy dificultoso el recorrer, con su andar bamboleante, largas distancias por la sabana desarbolada y ardiente hasta llegar a otra masa boscosa, a la orilla de algún río.

Lucy y los suyos

Todos los datos señalan que hace tres millones y medio de años habitaban las zonas boscosas y las sabanas del este de África unos homínidos que tenían el aspecto y el cerebro de un chimpancé de hoy. Caminaban sobre dos pies con soltura, aunque sus brazos largos sugieren que no despreciaban la vida arbórea; eran los *Australopithecus*. De una hembra de *Australopithecus afarensis* que se paseaba por la actual Etiopía hace tres millones de años poseemos un esqueleto casi completo. Su cráneo indica una capacidad similar a la de los actuales chimpancés, unos 450 cm^3. Su cadera muestra que estaba adaptada a la bipedestación y sus largos brazos indican que Lucy alternaba la braquiación en las ramas de los árboles con la marcha por el suelo sobre dos pies.

Ya se ha indicado que la selección natural sólo puede producirse si hay variación. La variación supone que los descendientes, si bien pueden tener muchos caracteres comunes con sus padres, nunca son idénticos a ellos. La selección natural actúa sobre estas variaciones favoreciendo unas y eliminando otras, según si proporcionan o no ventajas para la reproducción; los que sobreviven y se reproducen son los que están mejor adaptados a su entorno. Ya hemos comentado que las variaciones se pueden producir por dos motivos: por mutación y por recombinación. Ambos procesos se rigen exclusivamente por el azar, es decir, ocurren independientemente de que los resultados sean o no beneficiosos para los individuos, cuando se producen.

Los cambios ecológicos y climáticos progresivos, como los que ocurrieron en el este de África, junto con la aparición casual de unas afortunadas mutaciones, permitieron que unos simios como los *Ardipithecus ramidus* se transformaran a lo largo de miles de años en los homínidos *Australopithecus afarensis*. El segundo peldaño en la escalera de la evolución del hombre se había superado: la bipedestación. Esta ventaja evolutiva les permitió adaptarse a sus nuevas condiciones ambientales, no sólo proporcionándoles una mayor movilidad por el suelo, sino liberando sus manos para poder acarrear alimentos y consumirlos en un lugar seguro. Hay que tener en cuenta que, al desplazarse erguidos, estos homínidos regulaban mejor su temperatura corporal en las sabanas ardientes porque exponían menos superficie corporal al sol abrasador. También podían percibir con mayor antelación algún peligro.

Además, la locomoción bípeda tiene un coste energético mucho menor que el andar del cuadrúpedo. A los simios antropomorfos no les resulta nada barato caminar por el suelo. Los chimpancés, que caminan sobre los nudillos, gastan alrededor de un 35 por 100 más de energía durante la locomoción que un cuadrúpedo ordinario del mismo tamaño, por ejemplo un perro grande. Los gorilas y chimpancés continúan viviendo en bosques densos donde, como mucho, deben desplazarse un par de kilómetros al día para conseguir alimento; por eso para ellos las ventajas energéticas de una locomoción más eficiente son muy pequeñas y no han cambiado de sistema de desplazamiento a lo largo de los millones de años de evolución. Pero los simios que se vieron obligados a vivir fuera del bosque espeso tuvieron que encontrar otra solución para sobrevivir. Unos recurrieron a parecerse a los cánidos y adoptar el estilo de vida de una jauría de perros, tal es el caso de los papiones, que forman hordas numerosas, caminan a cuatro patas y hasta han desarrollado un hocico y colmillos parecidos a los de los perros (y por eso se llaman monos cinocéfalos). Pero en el caso de los homínidos, habitantes de sabanas arbustivas, que tenían que recorrer largas distancias por el suelo para encontrar alimento, la evolución optó por dotarles de una deambulación eficiente y poco costosa energéticamente para adaptarse al nuevo medio en el que les tocó evolucionar. La bipedestación exigió profundas modificaciones en la arquitectura de los huesos de la pelvis, lo que acarreó importantes adaptaciones secundarias. Todo ello se trata en mi libro *La cadera de Eva*.

Las dificultades de Lucy para encontrar alimento

Los peldaños evolutivos que le correspondieron subir al *Australopithecus afarensis* fueron más difíciles que los de sus antecesores. Ya se ha dicho que los *Ardipithecus ramidus*, como los primates de hoy que habitan en las densas selvas húmedas, se alimentaban picoteando mediante bocados continuos, y, por lo tanto, la comida se ingería en pequeñas raciones a lo largo de todo el día. Pero el *Australopithecus afarensis* vivía en un paisaje muy diferente: en vez de estirar el brazo perezosamente para agarrar el fruto maduro de la rama más cercana, tenía que bajar al suelo para rascar y escarbar fatigosamente la tierra dura hasta encontrar raíces y estaba obligado a desplazarse por la sabana ardiente y peligrosa hasta llegar a un nuevo grupo de árboles, una vez agotadas las reservas de frutas y de brotes del bosquecillo de ribera en el que hubieran pasado los últimos días.

Ya que las plantas de elevada calidad nutritiva, en especial las frutas y los brotes tiernos, se hicieron más dispersas, Lucy y sus compañeros tenían que moverse mucho para encontrar alimento, lo que implicaba un aumento del gasto energético. Ya no se trataba simplemente de pasar de un árbol a otro próximo, sino que cada vez se requerían desplazamientos más largos caminando por el suelo, temerosos de caer en las garras de algún depredador. Y la recompensa a este esfuerzo eran con frecuencia unas raíces o unos tallos leñosos con poco valor nutritivo. Así que, para los *Australopithecus,* el coste asociado para conseguir una dieta equilibrada debía de ser cuantioso.

Ningún animal puede consumir más energía en lograr alimento que la energía que le proporciona ese alimento, ya que, en ese caso, el balance energético resultante sería tan desfavorable que pronto moriría de desnutrición. Hay dos estrategias evolutivas para solucionar este problema. Una de las posibilidades de sobrevivir es evolucionar para que se pueda comer más cantidad de esos alimentos poco nutritivos, es la estrategia de los herbívoros, se trata de obtener los nutrientes necesarios a base de procesar un volumen mayor de alimentos poco energéticos. La otra, la estrategia de los carnívoros, es consumir ocasionalmente un volumen pequeño de unos alimentos muy energéticos (grasa y proteínas).

Las evidencias paleodentales son concluyentes. Las características de las muelas del *Australopithecus afarensis* indican que su alimentación estaba compuesta en gran parte por vegetales, pero que en su dieta abundaban los productos duros y abrasivos. Su alimentación, además de algunos frutos tiernos, también estaría compuesta por vegetales más duros, tales como hojas, frutos secos, tallos fibrosos y órganos subterráneos de almacenamiento (bulbos, tubérculos y rizomas). Las partículas minerales que se meterían en la boca junto con esos vegetales subterráneos (se supone que no lavaban la comida) harían rechinar los dientes y contribuirían al desgaste de las piezas. Este trabajo de masticación implicaba un gran desgaste para las coronas dentales, lo que ha quedado reflejado en las muelas fósiles.

Un asunto de gran interés y que conviene dejar bien claro, porque está muy confuso en determinadas publicaciones, hace referencia a la importancia de los cereales y de las legumbres en la alimentación de nuestros ancestros. Las legumbres (judías, garbanzos o lentejas) son vegetales muy ricos en proteínas, en especial la soja, que llega a tener más de un 30 por 100 de proteínas y por eso se utiliza hoy para enriquecer los piensos destinados al ganado. Estas legumbres no pudieron formar parte de la dieta de nuestros primeros ancestros ya que son poco digestivas en crudo, incluso, como ya veremos en el siguiente capítulo, contienen auténticos venenos que sólo pueden neutralizarse mediante el cocinado. Lo mismo ocurre respecto a los cereales, que son poco digestivos en crudo y contienen antinutrientes que pueden ocasionar enfermedades si se consumen de este modo. Realmente, con la excepción de algunos babuinos, los primates no consumen gramíneas como parte de su alimentación habitual; les producen grandes desarreglos intestinales.

Para poder procesar tanta cantidad de vegetales fibrosos y poco nutritivos se requería un gran intestino grueso. Lucy desde luego era herbívora y, como se aprecia en su esqueleto fósil, poseía una parrilla costal acampanada, sin cintura y con el reborde costal inferior de gran diámetro. Esta morfología es característica de los herbívoros y sugiere que Lucy albergaba un aparato digestivo voluminoso, con una cámara de fermentación eficaz para digerir tanta fibra vegetal.

Otra de las estrategias evolutivas que pudo permitir a los *Australopithecus* adaptarse a las nuevas condiciones ambientales fue la de aumentar la densidad calórica de su dieta modificando el tipo de alimentos. Algo parecido ocurrió para la opción que encontró nuestro primo el chimpancé. Por eso se supone que los *Australopithecus* también comían huevos, reptiles, termitas e insectos diversos. Nosotros hemos heredado esta capacidad insectívora de nuestros antepasados, como lo testifica la gran actividad del enzima trehalasa, que poseemos en nuestro intestino. La función exclusiva de este enzima es la de digerir el azúcar trehalosa, que abunda en los caparazones de los insectos.

El *Australopithecus afarensis* se convirtió en un oportunista. Su supervivencia dependía de la posibilidad de mantener una provisión continua de comida nutritiva, y para ello explotaba toda fuente posible de alimentos. Nuestros antepasados parece que prosperaron en condiciones difíciles, puesto que se vieron obligados a desarrollar, con eficacia, dicho comportamiento oportunista. También esta característica evolucionó igual que otros rasgos biológicos, porque significaba una ventaja de supervivencia y de reproducción y por ello ese patrón de comportamiento fue favorecido por la selección natural. Así, los *Australopithecus* satisfacían su hambre permanente con cualquier cosa comestible que pudiesen encontrar o capturar. Si había nueces, comían nueces; cuando maduraban las frutas, se atiborraban de frutas; si encontraban un panal, se atracaban de miel, y una ocasional bandada de langostas les proporcionaba un festín de proteínas crujientes y suculentas.

El mono obeso

Los *Australopithecus* se enfrentaron también a una situación novedosa en toda la evolución precedente y que ya nunca abandonaría a los homínidos: el pasar hambre. Los primates, que habitan bosques tropicales, siempre disponen de alimentos a su alcance, en cualquier momento del día o de la noche, en todas las estaciones del año. Los primates no pasan hambre en su hábitat natural. Pero nuestros antecesores, en las nuevas condiciones ecológicas en las que se vieron forzados a evolucionar, se enfrentaban con frecuencia a tener que sobrevivir durante varios días sólo con cuatro raíces e incluso a soportar largos períodos de hambruna ocasionados por las cada vez más complicadas condiciones climatológicas y geológicas.

Sólo existe una forma de resolver el problema de sobrevivir a largos períodos de escasez de alimentos: almacenar reservas de energía. Algunos animales, como ciertos roedores, solucionan este problema acumulando provisiones en un lugar seguro. Pero la mayor parte de los animales prefieren llevar las reservas de energía siempre consigo, por si las necesitan en cualquier momento, en forma de grasa. La grasa corporal es la forma más eficiente y económica de almacenar energía. La grasa empaqueta dos veces más energía que los azúcares o las proteínas, por unidad de peso. Se almacena sin agua con un coste de sólo el 3 por 100 de la energía almacenada. La glucosa se almacena en forma de glucógeno en el hígado y en el músculo y tiene que almacenarse con mucha agua y a un coste elevado, de más de un 20 por 100 de la energía almacenada.

La grasa se acumula en el tejido adiposo, que está formado por unas células, los adipocitos, capaces de acumular grandes cantidades de grasa en su interior hasta llegar a convertirse en una enorme gota de grasa. Por lo tanto, una primera condición necesaria para que un animal acumule grasa es que disponga de una buena dotación de estos acumuladores de grasa que son los adipocitos. Estos depósitos grasos se llenan cuando hay exceso de alimentos y, en principio, de forma ilimitada. Los *Australopithecus* tampoco necesitaban comer grasas para acumular grasa, ya que la mayor parte de los lípidos los fabricaban los adipocitos a partir de la glucosa.

Todos los mamíferos poseen la capacidad de acumular algo de grasa en su organismo, pero este proceso está acelerado en algunas especies en las que una abundante provisión de grasa es esencial para su supervivencia. Por ejemplo, el oso debe acumular gran cantidad de grasa para sobrevivir al largo sueño de la hibernación, y los mamíferos que habitan las frías aguas de las zonas polares (como las ballenas, las focas o las nutrias), necesitan acumular grandes cantidades de grasa debajo de la piel para que les sirva a la vez de aislante térmico y de reserva energética. El camello acumula gran cantidad de grasa en su joroba para poder sobrevivir a muchos días sin comer y sin beber en el desierto. Hay que hacer constar que, cuando se metaboliza, parte de la grasa se convierte en agua, además de producir energía.

El ser humano es uno de los mamíferos que más grasa tiene; su masa grasa es tan abundante que nos asemeja más a un delfín que a un primate. Los seres humanos, junto con cerdos, son los animales que poseen un mayor número de adipocitos en relación con su masa corporal. Esta es la razón de la enorme facilidad con que acumulan grasa estas dos especies de animales. Los seres humanos somos muy grasos desde el nacimiento, más grasos que cualquier otro mamífero al nacer (un 14 por 100 de su peso es grasa). Cuando se considera el contenido en grasa de las crías de diferentes animales y se corrige la relación por el factor tamaño corporal para poder comparar la cría de un elefante con la de un ratón, se observa que existe una correlación entre el contenido graso y el peso al nacer. Un recién nacido humano de 3.000 gramos de peso contiene 450 gramos de grasa, una cantidad más de tres veces mayor que la que sería de esperar según la regla general zoológica. Otras dos especies que superan la regla son algunas ballenas y los cobayas, que tienen porcentajes grasos que se acercan al de los humanos. Además, a diferencia del resto de los mamíferos, la mayor cantidad de grasa de los recién nacidos humanos es subcutánea.

Y esta característica de acumular grasa debió de ir potenciándose evolutivamente cada vez que nuestros antecesores se enfrentaron a períodos prolongados de escasez de alimentos, cuando para la supervivencia en esas condiciones de precariedad energética la selección natural nos dotó de la capacidad de cargar con una abundante reserva de combustible. El mono obeso apareció sobre el planeta. Pero ¿cómo fue posible esta adaptación?

El genotipo ahorrador

Vamos a analizar, mediante el ejercicio del actualismo, cómo asimilaría los nutrientes el organismo de Lucy. Su dieta seguía siendo muy abundante en hidratos de carbono, procedentes de las plantas que comía, en su mayor parte compuestos de hidratos de carbono muy lentos, ricos en fibra, que necesitan de digestiones largas y de laboriosas fermentaciones en su enorme intestino grueso para extraer la energía de tales vegetales. En consecuencia, la glucosa penetraba lentamente en el organismo. Complementaba su dieta con las proteínas y la grasa que proporcionaba la ingestión de los invertebrados y los pequeños animales que lograba atrapar.

La digestión de estos alimentos producía un aumento de la glucosa en sangre, la cual estimulaba la secreción de insulina por el páncreas tal y como sucede en todos los primates, incluida la especie humana. La insulina, como hemos visto, tiene por misión actuar sobre las células del organismo para favorecer la captación y la utilización de la glucosa. Sólo el cerebro escapa a ese control, ya que la glucosa es tan fundamental para las células nerviosas que penetra en su interior con toda facilidad y por sus propios medios.

Pero este sistema funciona a la perfección cuando existe una elevada sensibilidad de todos los tejidos a la insulina, como pasa en los herbívoros y en la mayor parte de los primates, que siempre disponen de un aprovisionamiento constante de glucosa. En estas circunstancias sólo se necesita acumular una pequeña reserva de energía para resolver momentáneas situaciones de emergencia, como es escapar de un peligro, correr unos cuantos metros o saltar a una rama de un árbol vecino.

Pero en el caso de los *Australopithecus* se requería una estrategia metabólica diferente. Cada vez que encontraba comida abundante, su metabolismo debería permitir reservar una porción de esa abundancia para los momentos de escasez y eso sólo se puede hacer guardando el exceso de nutrientes en forma de grasa, en el tejido adiposo. El almacenamiento de esta energía sobrante debía hacerse lo más deprisa posible, pues la comida abundante no espera y en cualquier momento podía llegar el ataque de los depredadores. El truco que utilizó la selección natural, apoyada en una serie de ventajosas mutaciones genéticas, fue el desarrollo de una peculiaridad metabólica que ha sido denominada «sensibilidad diferencial a la acción de la insulina».

¿En qué consiste esto que suena tan complicado? Pues en que no todos los tejidos del organismo tienen la misma sensibilidad ante la acción de la insulina. Algunos tejidos, y fundamentalmente el músculo, desarrollaron una resistencia a la acción de la insulina, mientras que el resto de las células mantenía la sensibilidad elevada a la acción de la hormona. Como la insulina tenía dificultades para meter la glucosa dentro de las células musculares, la glucosa sobrante podía ser utilizada por el resto de células; además, el exceso de glucosa que circulaba en la sangre estimulaba más la secreción de insulina por el páncreas. Todas las células del organismo, y en especial el hígado y el cerebro, tienen una capacidad fija de utilizar glucosa, así que el azúcar sobrante sólo podía ir a parar a las células adiposas, que poseen una capacidad ilimitada de acumular glucosa transformada en grasa, como demuestra el hecho de cuánto puede engordar una persona sólo a base de comer pasteles. Este proceso se vería favorecido por la insulina que específicamente estimula la conversión de glucosa en triglicéridos (los componentes fundamentales de la grasa almacenada como reserva energética) dentro de las células adiposas, muy sensibles a la acción de la hormona.

Podemos imaginar que cuando Lucy y los suyos localizaban un bosquecillo de árboles repletos de frutas bien maduras, se atracaban hasta que no podían más, luego durante la siesta hacían la digestión y una enorme cantidad de glucosa era absorbida desde sus intestinos. Una vez cubiertas las necesidades del cerebro, y dado que la asimilación de glucosa estaría reducida por el músculo, ese exceso de azúcar penetraría rápidamente en las células adiposas transformándose en grasa que se acumularía en el tejido adiposo. Allí permanecería hasta que, transcurridos varios días sin hallar alimento, se necesitara recurrir a esta reserva de energía.

Según esta hipótesis del «genotipo ahorrador» o *thrifty genotype*, formulada por primera vez por Neel en 1962, los ciclos de hambre y abundancia que padecieron durante millones de años de evolución nuestros ancestros en aquel entorno de escasa disponibilidad de alimentos seleccionaron un genotipo que, mediante mutaciones en los receptores a la insulina o en determinados enzimas, permitía una ganancia rápida de grasa durante las épocas de abundancia de alimento, y así estos depósitos de energía de reserva proporcionaban ventajas de supervivencia y reproducción. Los que desarrollaban estas características genéticas se reproducían más y transmitían a sus descendientes esta sensibilidad diferencial a la insulina, ese genotipo ahorrador de energía.

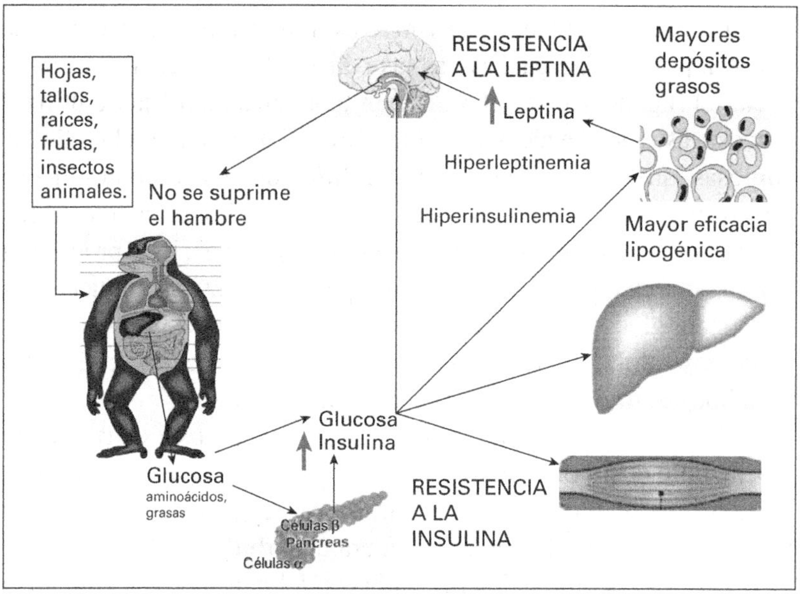

FIGURA 4.1. El genotipo ahorrador

La respuesta de la evolución ante la falta de alimentos fue diseñar un organismo con gran capacidad de acumular reservas de energía en forma de grasa. Apareció el «mono obeso». A la característica metabólica, que permitía este almacenamiento extra de energía en los períodos de abundancia, se la denomina «genotipo ahorrador» y se basa en la existencia de insulinorresistencia en las células musculares y gran sensibilidad a la insulina en las células adiposas. Esta situación permitía derivar la glucosa excedente hacia la síntesis de triglicéridos en los adipocitos. También interviene un cierto grado de leptinorresistencia de los receptores hipotalámicos a esta hormona. Esto permitía que, aunque los depósitos grasos aumentaran de tamaño, siguieran teniendo hambre para llenarlos aún un poco más.

El control del almacén de grasa corporal

Los estudios realizados en diversas especies animales, incluida la nuestra, sugieren que existe algún tipo de mecanismo que permite que el organismo sepa el nivel de llenado que tienen sus depósitos grasos. Es como si se encendiera una luz de alarma cuando el depósito está vacío y se apagara el piloto al rellenar el tanque. A este hipotético mecanismo de regulación de las reservas de energía se le denomina «ponderostato». De la misma forma que el termostato es un dispositivo que permite que la temperatura se mantenga constante a un nivel establecido, el ponderostato cumpliría una misión similar respecto a la masa grasa corporal. La mayor parte de los animales en condiciones silvestres tienen ajustado ese ponderostato a un determinado nivel de reserva grasa de tal forma que una vez estén llenos los depósitos adiposos, por mucha comida que tengan a su alcance, no comen más. Cuando el nivel de reserva energética desciende se les activa un mecanismo complejo que, mediante la poderosa sensación de hambre, les fuerza a conseguir alimento.

Un mecanismo parecido debía de poseer Lucy. Cuando los *Australopithecus afarensis* llevaban vagando por las llanuras sin nada que llevarse a la boca durante varios días, sus depósitos de grasa se vaciarían. Esto sería detectado por el ponderostato, que informaría al hipotálamo y así se activarían los núcleos del hambre, lo que les forzaría a buscar alimento con desesperación. Si lograban encontrar un bosquecillo cargado de frutas maduras se atiborraban durante días, mientras que sus depósitos se iban rellenando de grasa. Cuando el ponderostato detectaba que se había alcanzado el nivel de llenado, se aplacaba su hambre. Podían permanecer días o meses en esa zona hasta que se agotaban los alimentos, pero su consumo diario era más moderado, sólo ingerían lo necesario para ir cubriendo las necesidades energéticas diarias. Algo parecido nos ocurre hoy a la mayor parte de las personas. Nuestro ponderostato tiene establecido nuestro peso corporal a un determinado nivel, alto o bajo. Después de unos días en los que nos excedemos en el consumo de alimentos muy calóricos, por ejemplo tras las Navidades, y engordamos unos kilos, nuestro ponderostato nos induce, casi sin advertirlo, a que reduzcamos la cantidad y densidad de la comida en los días siguientes al atracón, hasta ir recuperando nuestra masa grasa programada en nuestro cerebro. Por lo tanto, es nuestro ponderostato el que controla los niveles de grasa acumulada dependiendo del nivel al que esté ajustado. Adelantamos que muchos problemas que sufren algunas personas con su peso corporal, tanto por exceso (obesidad) como por defecto (anorexia) se deben a un desajuste de la programación de su ponderostato hipotalámico.

Durante muchos años se buscó afanosamente qué mecanismo era responsable de esta regulación fina de la cantidad de grasa corporal. En 1994 se realizó un descubrimiento en una cepa de ratones genéticamente obesos denominados ob/ob. Se les inyectó una proteína que fabricaban los adipocitos de ratones delgados y se observó que en esos ratones obesos se producía una reducción de la ingestión de comida, un aumento del gasto energético y, en consecuencia, una reducción de peso. A esta proteína adelgazante que producían los adipocitos de los ratones delgados y de la que carecían los ratones obesos se le llamó «leptina» (de *leptos*, 'delgado' en griego).

Hoy se sabe que la leptina es uno de los factores responsables del funcionamiento del ponderostato. Cuando los adipocitos acumulan mucha grasa, expresan el gen ob, que promueve la síntesis de la leptina. Esta proteína sale a la sangre y llega a determinados núcleos cerebrales donde existen receptores específicos para la leptina a los que se une e inhibe la sensación de hambre. Si los adipocitos pierden grasa, disminuyen de tamaño, dejan de fabricar la leptina. Al no llegar esta señal de freno a sus receptores, en los centros cerebrales se desencadena la sensación de hambre.

Los estudios más recientes sugieren que en determinadas personas podría existir una resistencia a la acción de la leptina sobre sus receptores cerebrales, como un componente más del llamado genotipo ahorrador. Si Lucy y algunos de sus congéneres poseían esta circunstancia de resistencia a la acción de la leptina, cuando encontraban una abundante provisión de alimentos se atracaban durante días hasta que acababan con las reservas. Su tejido adiposo acumularía grasa y teóricamente produciría leptina pero esta hormona no ejercería el freno sobre el hambre a causa de su dificultad para actuar sobre sus receptores (leptinorresistencia). Ello les proporcionaría una ventaja de supervivencia, ya que les permitiría comer mayor cantidad de alimentos, llenar más sus depósitos de grasa antes de que actuara la señal supresora del apetito de la leptina; podrían almacenar más energía en forma de grasa en comparación con los individuos que no disfrutaran de esta mutación y, en consecuencia, tendrían más probabilidades de supervivencia y de reproducción y de transmitir esa característica metabólica a sus descendientes.

La leptinorresistencia es, junto con la insulinorresistencia, uno de los elementos fundamentales del conjunto de mutaciones genéticas que constituyen lo que se ha denominado el «Genotipo ahorrador». Estas mutaciones ventajosas se fueron acumulando a lo largo de milenios en el organismo de nuestros ancestros, como mecanismos eficaces para sobrevivir a los largos períodos de hambruna que tuvieron que superar durante su evolución.

Correr para salvarse

Esta capacidad de acumular reservas de grasa dio lugar a otra ventaja, como es la adaptación metabólica al estrés de larga duración y al esfuerzo físico continuado durante horas o días, una característica que posee la especie humana, como demuestran a diario los millones de personas que disfrutan de las carreras de fondo.

Ya hemos comentado que la mayor parte de los primates y nuestros primeros antecesores, los *Ardipithecus ramidus*, que vivían en el espesor de la selva, sólo necesitaban realizar movimientos rápidos y breves para escapar a las amenazas de los predadores, lo justo para trepar a lo alto del árbol o saltar a la rama del vecino. Pero los

Australopithecus, que se movían por sabanas arbustivas donde sólo podrían encontrar refugio en algún bosquecillo cerca de un río o de una laguna, necesitaban a veces huir durante minutos o incluso días para alejarse de algún peligro. Imaginemos, por ejemplo, la epopeya que sugieren las huellas de Laetoli.

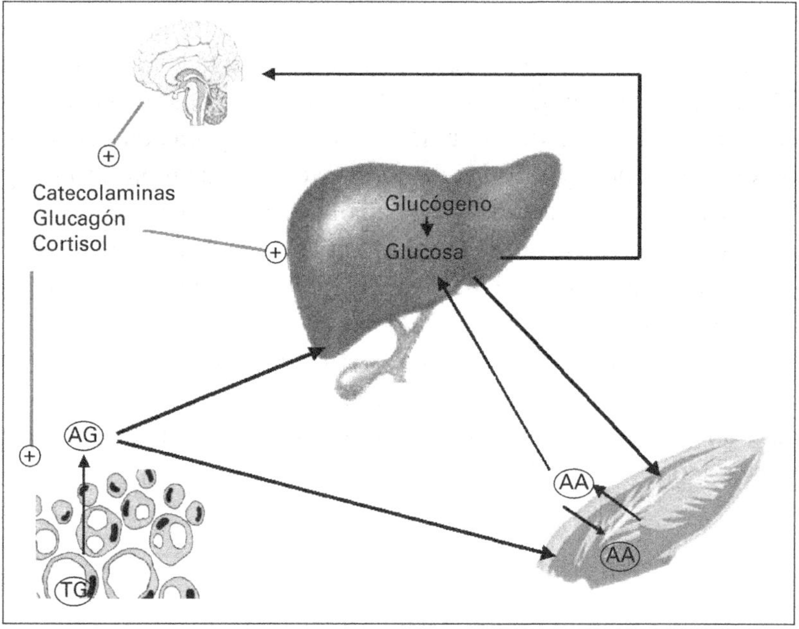

FIGURA 4.2. Adaptación metabólica al trote de larga duración

El diseño del *Australopithecus afarensis* le proporcionó la capacidad de trotar infatigable por las llanuras ardientes. Durante el trote se liberan las hormonas del estrés y estimulan en primer lugar la degradación del glucógeno hepático para proporcionar glucosa suficiente para el primer gasto de energía y para abastecer al cerebro. También se vacían los depósitos adiposos. Estas hormonas estimulan la degradación de los triglicéridos acumulados produciendo ácidos grasos que pasan a sangre para ser utilizados por el músculo y por el hígado. El hígado puede relanzar a la sangre parte de los ácidos grasos que le llegan o fabricar con ellos cuerpos cetónicos. A partir de media hora de trote, los músculos utilizan exclusivamente ácidos grasos como combustible.

Estas huellas fósiles fueron descubiertas por Mary Leakey en 1978 en las cercanías del monte volcánico Sadiman, situado a cuarenta kilómetros al sur de la actual garganta de Olduvai, en Tanzania. Se ha reconstruido el escenario y se ha redactado el guión de cómo debieron de ocurrir aquellos hechos. Según cuentan los especialistas, la estación seca terminaba y la aparición de nubes tormentosas prometía un alivio muy esperado después de meses de sequía. Durante una o dos semanas el volcán había estado roncando sin parar, expulsando lava y espesas nubes de ceniza que, al caer, cubrían de una gruesa capa el territorio adyacente. Estas cenizas tenían una composición química tal (carbonatita) que cuando se mojaban y después se secaban al sol se transformaban en una masa tan dura como el cemento. Se produjeron unos cuantos chubascos breves de grandes gotas de lluvia que se estrellaban contra la ceniza dejando en ella cráteres minúsculos como los de una fotografía de un paisaje lunar. Se estaba creando una situación única para que las cenizas captaran huellas.

Pasaron animales de todo tipo que dejaron su impronta en la ceniza volcánica: liebres, elefantes, cerdos, rinocerontes, búfalos, hienas, antílopes, tigres de dientes de sable y papiones. Y también pasaron tres homínidos: un individuo grande, probablemente un macho; detrás, un individuo más pequeño, que por alguna razón anduvo sobre las pisadas del primero; otro más joven que saltaba a su lado y que, en un momento determinado, se giró para mirar a la izquierda. La mayor parte de los expertos creen que estos homínidos eran *Autralopithecus afarensis*; es decir, que eran parientes de Lucy.

El sol coció rápidamente las huellas sobre las cenizas mojadas y las transformó en moldes de roca dura. Algunas de estas huellas están tan bien conservadas que permiten incluso reconocer y reconstruir las partes blandas del pie: el talón, el puente o el dedo gordo, entre otras. Luego cayó más ceniza sobre las huellas fraguadas y el viento depositó encima la arena, que cubrió y preservó las huellas hasta su descubrimiento, millones de años después, gracias a un extraordinario golpe de suerte. La datación de estas huellas pudo hacerse de forma precisa mediante las técnicas radiométricas, adjudicándoseles una antigüedad de entre tres millones cuatrocientos mil y tres millones ochocientos mil años.

¿Cómo pudieron sobrevivir estos homínidos huyendo aterrorizados para escapar de las explosiones y la lava del volcán, sin comida, trotando sin parar posiblemente durante varios días? Para ello, la evolución nos dotó de un sistema de utilización de las reservas de energía acumuladas en caso de emergencia. Ante cualquier situación de peligro, el cerebro activa la producción de las tres hormonas: la adrenalina, el cortisol y el glucagón. Estas hormonas, que hoy denominamos hormonas del estrés, tienen muchas funciones pero, en relación con lo que estamos tratando, actúan sobre el tejido adiposo y estimulan específicamente el vaciamiento de la grasa que contienen. La energía acumulada sale en forma de ácidos grasos que circulan por la sangre y pueden ser utilizados como combustible por el músculo para permitir su contracción a lo largo de horas de trote. Estas hormonas también actúan sobre el hígado y vacían su pequeño almacén de glucosa, la cual se reserva para el cerebro. Y así vemos cómo todas las energías liberadas se consumen en el fin para el que estaban destinadas, es decir, la supervivencia mediante el movimiento muscular de larga duración.

Esta facultad de trotar largas distancias, y que podíamos denominar «Genotipo motor», la hemos heredado los seres humanos. Muchos de los que somos aficionados a correr largas distancias, como los 42 kilómetros de una carrera de maratón, lo hemos comprobado sobre nuestras piernas, en nuestro cerebro y con nuestro corazón.

El diseño evolutivo del *Australopithecus*

La evolución adaptó el diseño de Lucy, que habitaba una sabana arbustiva hace tres millones de años para alimentarse de vegetales fibrosos y poco nutritivos que proporcionaban los hidratos de carbono necesarios; su dieta se complementaba con las proteínas y las grasas necesarias mediante la ingestión de insectos, reptiles y algunos pequeños mamíferos. Además, los *Autralopithecus* se enfrentaron a un nuevo reto, el de adaptarse para sobrevivir a períodos prolongados de hambruna cuando las condiciones climáticas les impedían encontrar alimento. Una de las estrategias de adaptación fue el desarrollo de la locomoción bípeda, que redujo drásticamente el gasto energético empleado en buscar unos alimentos cada vez más dispersos y más pobres en calorías.

Tuvieron que desarrollar la capacidad de acumular grasas de reserva durante los períodos de abundancia; nació el mono obeso. Esto fue posible gracias a una serie de mutaciones muy ventajosas en algunos receptores de la insulina y de los sistemas enzimáticos que permitieron desarrollar una sensibilidad diferencial a la insulina (insulinorresistencia). Este «genotipo ahorrador» reducía el consumo de glucosa por el músculo y favorecía la acumulación de glucosa en forma de grasa en los períodos de abundancia de alimentos para disponer de una reserva energética durante los períodos de escasez.

En la actualidad nos alejamos de este diseño porque vivimos en una permanente abundancia, así que aquellas personas que han heredado en sus genes el «genotipo ahorrador» tienen una gran tendencia para acumular en forma de grasa cualquier alimento que ingieran en exceso, ya sean lípidos o azúcares. Esta es una de las causas de tanta obesidad como existe en la actualidad. La posesión de un «genotipo ahorrador» puede, como se explicará en detalle en el último capítulo, sospecharse en aquellas personas con sobrepeso que claman: «No sé qué hacer, pero parece que hasta el agua me engorda». La solución, aunque impopular, es comer aún menos (sobre todo dulces) y hacer más ejercicio.

Otro elemento que favorecía la supervivencia en estas poblaciones sometidas a una dramática alternancia entre abundancia y hambruna era la resistencia a la leptina, que permitía a Lucy cargar a tope sus depósitos de grasa antes de que se encendiera la señal de «completo». Nos desviamos de este diseño cuando nos vemos en un entorno pleno de alimentos y bajo gasto energético por sedentarismo. En estas condiciones de resistencia a la leptina es tentador hacer un mal uso de nuestro diseño, dejarse atrapar por la hiperfagia, lo que conduce a la obesidad y favorece, junto con la hiperinsulinemia, el desarrollo de los componentes del Síndrome Metabólico.

Lucy se defendía de los peligros que le amenazaban gracias a un sistema de alerta y de respuesta diseñado para sobrevivir a través del movimiento muscular, mediante la lucha y la huida, similar al que ya se ha descrito en ocasión del *Ardipithecus ramidus*. Pero en este caso, el sistema de defensa debía permitir mantener esfuerzos prolongados en el tiempo, como correr por las sabanas durante horas huyendo de algún peligro. Para ello se potenció la movilización de las reservas de grasa mediante la acción de las hormonas del estrés. Los ácidos grasos liberados se consumían en el músculo para producir el trabajo necesario para sobrevivir. Aquí encontramos también un buen ejemplo de fallo en el uso del diseño. Imaginen a un hombre actual, gordo, con gran cantidad de grasa acumulada, sometido a estrés, que libera continuamente gran cantidad de ácidos grasos de sus depósitos destinados a abastecer una contracción muscular eficiente. Pero en este individuo sus músculos no se mueven; ni huye, ni lucha, y permanece sentado estudiando cómo evitar que los bancos le cierren el negocio), así que no pueden utilizar tanta grasa movilizada. Y esa grasa acaba depositándose en sus arterias y acelerando la aterosclerosis. Hay que tener en cuenta que nosotros somos descendientes de quienes no se dejaron devorar.

Para saber más

El concepto de genotipo ahorrador y la importancia del desarrollo de la sensibilidad diferencial a la insulina se pueden ampliar en las siguientes publicaciones:

J. V. Neel, «Diabetes Mellitus, A thrifty genotype rendered detrimental by progress», *American Journal Of Human Genetics*, 14, 1962, pp. 353-362.

—, «The "thrifty genotype" in 1998», *Nutricional Reviews*, 57, 1999, pp. 52-59.

G. M. Reaven, «Hypothesis: muscle insulin resistance is the (not so) thrifty genotype», *Diabetologia*, 41, 1998, pp. 482-484.

Y.C. Pardies, M.J. Montoya y S.M. Fullerton, «Racialized genetics and the study of complex diseases: the thrifty genotype revisited», *Perspectives Biology and Medicine*, 50, 2007, pp. 203-227.

J.R. Speakman. «A nonadaptive scenario explaining the genetic predisposition to obesity: the "predation release" hypothesis», *Cell Metabolism*, 6, 2007, pp. 5-12.

Respecto a la leptina, su papel como regulador del hambre y la saciedad y sus implicaciones en relación con el genotipo ahorrador, se pueden encontrar en las siguientes referencias:

P. Z. Zimmet, «Diabetes epidemiology as a tool to triger diabetes research and care», *Diabetologia*, 42, 1999, pp. 499-518.

R. S. Ahima y J. S. Flier, «Leptin», *Annual Reviews of Physiology*, 62, 2000, pp. 413-437.

La información sobre las adaptaciones metabólicas a los esfuerzos de larga duración puede completarse en:

E. A. Newsholme y A. R. Leech, *Bioquímica Médica*, Editorial Interamericana-McGraw-Hill, Madrid, 1987, pp. 447-468.

N. Agnew y M. Demas, «Conservación de las huellas de Laetoli», *Investigación y Ciencia*, noviembre 1998, pp. 10-18.

C. Weissman, «The metabolic response to stress: An overview and update», *Anesthesiology*, 73, 1990, pp. 308-327.

5

Vagabundos y carroñeros

El género *Homo*

El tiempo siguió transcurriendo a zancadas de miles de años. Se acumularon los siglos sobre los siglos, sucedieron milenios a otros milenios, y centenares de miles de años siguieron a otras centenas de miles de años más. Desde la época en la que Lucy y sus parientes correteaban por las praderas y trepaban a los árboles, en los escasos bosques del África Oriental, han pasado ya un millón y medio de años. No se esfuercen, sólo debemos considerar que hemos dado un gran salto y que ahora nos encontramos en el año 1500000 antes de nuestra era, y en el mismo escenario de siempre: en el este de África.

Al iniciarse la época denominada Pleistoceno, hace un millón ochocientos mil años, el mundo entró en un período aún más frío que los anteriores en el que comenzaban a sucederse una serie de períodos glaciales, separados por fases interglaciales más o menos largas. Cerca de los polos de la Tierra, los períodos glaciales ocasionaron la acumulación de espesas capas de hielo a lo largo de los miles de años en que persistió el frío más intenso; luego, en los miles de años siguientes que coincidieron con una fase más cálida, los hielos remitieron algo, aunque no desaparecieron por completo. En las latitudes más bajas, como en el este africano, la mayor aridez del clima favoreció el que prosperara un tipo de vegetación hasta entonces desconocido, más propio de las zonas desérticas. También se incrementaron las sabanas de pastos, casi desprovistas de árboles, semejantes a las praderas, las estepas o las pampas actuales.

A lo largo del millón y medio de años transcurridos desde que Lucy se paseaba por África habían surgido numerosas especies de homínidos, algunas de las cuales prosperaron durante cientos de miles de años y luego desaparecieron. Por aquellos tiempos habitaba la zona del África Oriental el primer representante del género *Homo*: el *Homo habilis*, un antecesor mucho más próximo a nosotros que cualquiera de las anteriores especies, con una capacidad craneal de entre 600 y 800 cm^3 y que ya era capaz de fabricar utensilios de piedra, aunque muy toscos. Es conveniente tener en cuenta que la aparición de una nueva especie no tiene por qué coincidir necesariamente con la extinción de la precedente. En realidad, muchas de estas especies llegaron a convivir durante miles de años.

La aparición de todas esas especies de homínidos y de algunas más, que debieron de existir pero de las que no tenemos conocimiento, representan diferentes tanteos de nuestra evolución, como si se hicieran pruebas para encontrar el modelo más idóneo, el mejor diseño para superar las dificultades del entorno. La mayor parte de estas especies acabaron extinguiéndose porque las mutaciones acumuladas no fueron las adecuadas para sobrevivir en un hábitat cambiante y cada vez más hostil. Pero una línea sí prosperó en la dirección adecuada, y es ésa la que volvemos a encontrar ahora en los mismos parajes por los que su antecesora Lucy se paseaba más de dos millones de años antes.

El descendiente de Lucy al que nos referimos es el *Homo ergaster*, cuyo representante fósil más característico es el llamado «Niño de Turkana». Este fósil fue descubierto en el verano de 1984 por el equipo de Richard Leakey en un yacimiento próximo a la orilla occidental del lago Turkana, en Kenia. Se trata de un esqueleto casi completo de un muchacho de un millón ochocientos mil años de antigüedad. Es uno de los esqueletos más completos de todo el registro humano fósil. A la cabeza sólo le faltan unos minúsculos fragmentos del cráneo y del maxilar. Conserva todos los dientes y tiene completas la columna vertebral y la caja torácica; muestra los huesos de los brazos y de las manos, la pelvis completa y ambas piernas. Sólo se han perdido algunos huesos de los brazos, los pies y algunas vértebras cervicales. A partir de otros fósiles se ha podido verificar que los individuos de la especie *Homo ergaster* poseían unos pies muy parecidos a los nuestros, con un empeine bien formado, y que su astrágalo, el hueso del pie que soporta todo el peso del cuerpo, era ya casi idéntico al nuestro. El *Homo ergaster* debía de ser muy parecido a nosotros de cuello para abajo.

La capacidad craneana de aquel muchacho era de unos 800 cm^3, tenía una estatura de 162 cm y presentaba unas proporciones casi completamente humanas. Aún no había perdido los caninos de leche y sus huesos no habían acabado de crecer del todo. De adulto, su cerebro habría alcanzado casi los 900 cm^3 y su estatura habría llegado a los 180 cm. A partir de otros fósiles se estima que el *Homo ergaster* había alcanzado una capacidad craneana de entre 800 y 1.000 cm^3, prácticamente de un 60 a 70 por 100 de la nuestra. Su cara era también moderna: sus huesos nasales eran prominentes, ya no tan chatos como en el resto de primates y, en general, el esqueleto facial tenía una apariencia más humana. En su dentadura se observa una reducción en el tamaño de los molares y premolares y de los caninos e incisivos. La mandíbula adopta una forma en «U», muy diferente de la forma en «V» del resto de los primates.

Carnívoros a la fuerza

Ya hemos visto como el *Ardipithecus ramidus* habitaba en la selva tropical y se alimentaba de frutas y brotes siempre disponibles; el *Australopithecus afarensis* prosperó en un ambiente más despoblado, y recurrió a alimentarse de vegetales fibrosos complementados con insectos y pequeños roedores y tuvo que adaptarse para sobrevivir a prolongados períodos de hambre. Ahora, el *Homo ergaster* se enfrentaba a un ambiente mucho más duro que el que soportaron sus predecesores. En el entorno de praderas herbáceas en las que le tocó evolucionar sólo se le ofrecían dos posibilidades de evolución: o se convertía en un cazador y carroñero como los carnívoros, o aprendía a pastar hierba en grandes cantidades como los herbívoros. La selección natural que actuaba sobre el acerbo de cambios genéticos que se habían ido acumulando en el genoma hizo la elección. El resultado fue que, a partir del *Homo ergaster*, los alimentos de origen animal (insectos, reptiles, moluscos, pescado y carne) constituyeron por primera vez una parte importante de la dieta de los homínidos, y esta forma de alimentación, muy pobre en alimentos de origen vegetal y rica en alimentos de origen animal, persistió casi un millón y medio de años, hasta hace apenas diez mil años (nacimiento de la agricultura).

Son numerosas las evidencias arqueológicas que muestran que estos antecesores nuestros consumían cantidades considerables de carne. Se han encontrado enormes acumulaciones de restos de animales en los lugares que habitaron: auténticos basureros prehistóricos. Muchos de estos huesos presentan las huellas de haber sido machacados para extraer el tuétano o raspados para arrancarles la carne pegada. Con los huesos aparecen mezclados los utensilios de piedra que utilizaron como rudimentaria cubertería. En ocasiones, mediante microscopía de barrido, se ha podido demostrar que los huesos fueron alterados por los utensilios líticos que se encontraban al lado. La importancia de los vegetales en la alimentación del *Homo ergaster* no se puede valorar a partir de los yacimientos arqueológicos, ya que los vegetales no fosilizan, pero se han encontrado semillas y huesos de frutas fósiles.

La opción de incrementar el consumo de los alimentos de origen animal (animales acuáticos o terrestres) fue consecuencia directa de la reducción de los alimentos nutritivos de origen vegetal. El *Homo ergaster* necesitaba energía para sobrevivir en un ambiente tan duro, para reproducirse y para evolucionar, y no podía obtener esta energía de unos pocos vegetales fibrosos que, además, requería mucho esfuerzo buscar, o desenterrar si eran raíces, y que tendría que comer en cantidades exageradas para lograr incorporar a su organismo todos los nutrientes necesarios, en especial las proteínas. La carne y la grasa de los animales terrestres o de los peces les proporcionaban los aminoácidos y vitaminas necesarios y aportaban una elevada densidad energética en un pequeño volumen de alimentos. Por ejemplo, el tuétano de un fémur de antílope contiene más energía que varios kilos de vegetales fibrosos y es mucho más fácil de digerir.

El resultado fue que la evolución diseñó un carnívoro con un aparato digestivo de herbívoro. Todos los carnívoros poseen la misma anatomía digestiva, que es mucho más sencilla que la de los herbívoros y omnívoros. En ellos, el tránsito intestinal es muy rápido: los alimentos recorren todo el tubo digestivo en unas pocas horas en comparación a los dos días que tardan en recorrer los intestinos de cualquier simio. En el esqueleto del *Homo ergaster* se adivina ya la reducción del tamaño de su aparato digestivo observando cómo la parrilla costal se cierra por abajo formando un inicio de cintura, adoptando un patrón más semejante al de los carnívoros que al de los herbívoros.

Esta acertada estrategia dietética proporcionó la energía necesaria para el desarrollo del cerebro y permitió aumentar el tamaño corporal sin perder capacidad de movimiento, ni de sociabilidad. Pero atrapar alimentos de origen animal es mucho más difícil que recolectar alimentos de origen vegetal. Las plantas, normalmente, no salen corriendo o se defienden si alguien intenta comérselas, aunque dispongan de algunos elementos disuasorios como las espinas o los venenos. Pero los animales (terrestres o acuáticos) no se dejan comer así como así. Y nuestro antecesor, el *Homo ergaster*, era un ser indefenso, sin garras ni colmillos, que corría a menos velocidad que muchos animales y que aún no tenía suficiente inteligencia para fabricar auténticas armas eficaces. En estas condiciones, obtener alimento de origen animal era una tarea sumamente complicada. Esto se ha comprobado en el transcurso de algunos ejercicios militares: incluso hoy, con nuestra inteligencia, cuando se realizan pruebas de supervivencia dejando al soldado de tropas de élite en aislamiento, sin armas, en un bosque lleno de animales, se comprueba lo difícil que resulta al hombre atrapar alguna pieza para comer sólo con la ayuda de sus manos y de sus piernas.

El mito del cazador

Numerosas películas y novelas (incluso algún libro pretendidamente científico) halagan nuestra imaginación con las grandes hazañas del antropoide macho, que regresa de su jornada de caza al cubil en el que aguarda su familia hambrienta y temerosa. El cuadro muestra al fornido hombretón simiesco que regresa sonriente de su jornada de caza y carga al hombro una gacela, aún sangrando, que entrega a su famélica familia. Todos ellos, que aguardan impacientes la llegada del cazador, agradecen con gruñidos la comida mientras devoran la presa. El cazador reposa feliz agasajado por todos los miembros de su clan. Pero la escena es pura invención, y está muy alejada de la realidad.

Esta hipótesis asume que el *Homo ergaster* encontraba caza abundante siempre que salía en su búsqueda. Pero hoy sabemos que no era así. El carroñeo era mucho más frecuente que la caza hace un millón de años. Para aquellos seres indefensos resultaba una proeza extraordinaria cazar una pieza incluso de mediano tamaño. Podemos suponer, sobre los datos disponibles, que los machos, en pequeños grupos de tres o cuatro individuos, recorrían largas distancias en las llanuras ardientes buscando cualquier señal que les permitiera encontrar carroña aún comestible, no enteramente devorada. Las hembras permanecían por los alrededores del bosquecillo que habitaba la tribu. Se dedicaban a recolectar frutas, bulbos, tubérculos, insectos o reptiles, sin alejarse demasiado para poder refugiarse en los árboles ante el ataque de alguna fiera. Si, como era habitual, el bosquecillo se encontraba en las proximidades de algún río o lago de los muchos que abundaban en el África Oriental, buscarían moluscos y tratarían de atrapar algunos peces.

Por lo tanto, todo sugiere que, dadas sus limitaciones físicas, el *Homo ergaster* dependía del carroñeo para alimentarse de animales grandes y cazaba sólo los de menor tamaño, incluidos roedores y reptiles. Una de las fuentes de proteínas y grasas serían las piezas abandonadas, a medio consumir, por los grandes felinos que encontraba entre el follaje ribereño, y también los restos de grandes herbívoros que sucumbían por enfermedad o ahogados.

El carroñeo revestía especial importancia durante la estación seca, cuando más escaseaban los alimentos vegetales. Por eso el hábito del carroñeo podría haber convertido la estación seca en la época de la abundancia. Era entonces cuando, a causa del hambre, la caza de los felinos producía una mayor mortandad de animales y hasta el más marginal de los despojos que los leones abandonaran podía constituir una valiosa fuente de alimentos, con tal de que conservase tuétano y masa encefálica, y podía suministrar bastantes más calorías de las que necesita diariamente un adulto mediante un pequeño esfuerzo: machacar durante media hora los huesos con una piedra.

La actividad de carroñeo consumía menos energía que la caza y comportaba menos riesgos. Se aprovechaban de los despojos que los leones dejaban descarnados o los restos almacenados en los árboles por los leopardos. Pero, de todas formas, tampoco era una actividad fácil para un primate lento, de poca talla y dientes romos. Disponemos de numerosas pruebas de este aprovechamiento de los despojos de los carnívoros. Al analizar mediante microscopía de barrido los huesos encontrados en algunos yacimientos al lado de herramientas líticas de hace más de un millón de años, los restos muestran cómo las muescas de corte de las lascas de piedra están por encima de las marcas dejadas por los dientes de carnívoros y de carroñeros, incluyendo en éstos al puercoespín. Asumiendo que el orden de las marcas refleja el orden de uso, cabe concluir que los homínidos eran los últimos en pillar presa; incluso se ponían a la cola por detrás del puercoespín. Los homínidos recogían los huesos para extraer la médula y el encéfalo y para aprovechar algo de la carne que aún quedara pegada al hueso. La médula ósea y el encéfalo son muy ricos en proteínas y grasas, alimentos de elevada densidad energética y abundancia en minerales y en algunas vitaminas. Además, el cierre hermético del hueso servía de «lata de conserva» que protegía el valioso contenido de la rápida degradación bajo los calores de la estepa.

La caza debía de ser muy peligrosa, sobre todo en llanuras abiertas: los herbívoros corren y saben defenderse. La enorme fortuna de abatir una presa de cierto tamaño representaría un hecho muy llamativo en plena pradera, después, además, llevaría mucho tiempo el trocearla y consumirla; pronto llegarían los buitres y, tras ellos, las hienas e incluso los leones. Los homínidos, armados sólo con piedras, sin garras ni colmillos, estaban indefensos frente a tanto competidor.

El disponer de utensilios fue un gran logro y un éxito para la supervivencia, ya que les permitía una mayor rapidez en aprovechar una carroña, y facilitaba la tarea de trocear con rapidez los despojos de un animal grande. Imaginen la dificultad que entrañaría el desgarrar la gruesa piel peluda de algún herbívoro sin cuchillos, sólo con el borde afilado de una piedra. La creación de los útiles líticos estuvo más al servicio del carroñeo que de la caza; más que armas eran cubiertos. De esta forma, el carroñeo también ofrecía estímulos para el desarrollo de las cualidades más propiamente humanas: la tecnología.

Nuestros antepasados tuvieron que aprender a interpretar las diversas marcas que señalaban la presencia de un cuerpo muerto entre las altas hierbas: el vuelo bajo de los buitres, la risa de las hienas o el rebuzno agónico de una cebra atacada por los felinos. Necesitaron desarrollar la capacidad de organización cooperativa para la búsqueda, la preparación y el reparto de la comida. Nuestros antepasados encontrarían en un sitio la carroña y en otro, a veces muy lejos, las piedras aptas para ser transformadas en utensilios de carnicero. Por ello, estas actividades requerían gran capacidad de organización y de previsión, de paciente seguimiento mental de los detalles, y de una gran cooperación social.

En la actualidad existen claras objeciones con respecto a la hipótesis tradicional y romántica del macho cazador. El sexo llamado «fuerte» desde luego lo era desde el punto de vista de la masa muscular y el tamaño corporal, pero no necesariamente en lo referente a su aportación de calorías y nutrientes al resto del grupo. Por el contrario, es seguro que con frecuencia la escena real fuera otra muy distinta: los machos cazadores regresan con las manos vacías después de varios días de recorrer un extenso territorio; no han cazado nada, ni siquiera han encontrado carroña, y tienen que saciar su hambre con los vegetales, los insectos, las lombrices, los moluscos, los peces, los huevos o la miel que han recogido las hembras y las crías en su ausencia. Esto sugiere que, más que el macho cazador, lo importante para la supervivencia era la hembra recolectora. Es un hecho que en los últimos millones de años han sido las hembras de las diferentes especies de homínidos las que han tenido la responsabilidad de la alimentación de la familia, ya sea rebuscando entre los matorrales de la orilla de un río, hace un millón de años, o entre los anaqueles de un hipermercado, hoy.

Las ventajas de comer alimentos animales

A nuestros ancestros de hace un millón de años las proteínas de origen animal, en las proporciones adecuadas, les otorgaban todos los aminoácidos que requerían y también eran digeridas con mayor eficacia que las proteínas vegetales. Hay que tener en cuenta que por alimentos de origen animal entendemos los tejidos procedentes de insectos, otros invertebrados incluyendo a moluscos y crustáceos, los peces y los animales terrestres. Un *Homo ergaster* necesitaría comer cada día unos pocos gramos de carne para satisfacer todos sus requerimientos de proteínas mientras que a partir de vegetales necesitaría consumir varios kilos. También los tejidos de origen animal aportaban muchos de los minerales y de las vitaminas que requerían nuestros ancestros. El *Homo ergaster* no sólo consumía músculo y grasa, sino que también se comía el cerebro, las vísceras y la médula ósea. Esta variedad de tejidos animales aportaba diferentes proporciones de los nutrientes esenciales.

Uno de los aspectos problemáticos de una dieta carnívora es el aporte de vitamina C. Los seres humanos no la podemos fabricar. Pero podemos surtirnos de la carne fresca que contiene vitamina C. Esta es la forma en que los esquimales (que no comen fruta) adquieren esta vitamina.

La alimentación basada en alimentos de origen animal también tuvo su importancia en relación con la nutrición de las crías de *Homo ergaster*. Está demostrado que un recién nacido necesita ingerir un 37 por 100 de las calorías en forma de proteínas de elevado valor biológico (los adultos sólo un 10 por 100). La calidad de las proteínas es de gran importancia para el crecimiento de los animales jóvenes. Éstos deben sintetizar grandes cantidades de proteínas para permitir el crecimiento y desarrollo de sus organismos, de sus propios tejidos. La calidad de las proteínas vegetales es inferior a la de las proteínas animales. Por eso conseguir tantas proteínas de calidad y tantas calorías como necesitaban las crías de los homínidos durante los primeros meses de vida, a partir de una dieta vegetal, requeriría ingerir tales volúmenes de alimentos que podrían dañar el aparato digestivo de la cría. Hay que tener en cuenta la prolongada dependencia nutricional de las crías de los seres humanos, en comparación con la del resto de animales, excluidas las aves.

Uno de los resquemores que suscita el adjudicar a nuestros ancestros un consumo elevado de proteínas se debe al elevado consumo de éstas puede ser perjudicial para la salud. Las proteínas contienen mucho nitrógeno que no podemos metabolizar y que debemos eliminar por la orina en forma de urea o de amoníaco. Nuestros riñones tienen una gran capacidad para filtrar la sangre y limpiarla de estos productos de desecho que eliminan en forma de orina, pero el trabajo renal se puede sobrecargar si se consumen grandes cantidades de proteínas de forma constante y continuada. Pero este no era el caso del *Homo ergaster*, que sólo sobrecargaba la capacidad de filtración renal en las contadas ocasiones en que se topaba con una pieza entera, lo que le permitía un ocasional y festivo atracón de carne. No hay que olvidar que todo es cuestión de cantidad, de dosis.

Conviene aclarar otro malentendido muy difundido en algunos textos que tratan sobre la alimentación de los homínidos en la prehistoria, incluso en aquellos bien documentados. Me refiero a la creencia de que nuestros antepasados podrían recurrir al consumo de alimentos de origen vegetal ricos en proteínas, como las legumbres o los cereales para completar su dosis de proteínas. El problema reside en que muchos de esos alimentos son muy poco digestibles o incluso son venenosos si se consumen en crudo, sin una preparación culinaria previa. Por ejemplo, está bien demostrado que las judías blancas son muy tóxicas consumidas en crudo, ya que poseen varios inhibidores enzimáticos y otros componentes muy dañinos para el hígado. En nuestro laboratorio de la Universidad de Extremadura hemos podido verificar cómo las ratas a las que se les administra un pienso elaborado con judías blancas crudas y trituradas se niegan a comerlo y hasta llegan a morir si no se interviene a tiempo. Estas sustancias dañinas se neutralizan en las legumbres mediante el cocinado. Algo similar ocurre con los cereales que son ricos en varios antinutrientes: algunos de éstos se neutralizan por el procesado y cocinado de los granos, pero otros persisten; es el caso del ácido fítico y sus derivados, muy abundantes en los cereales, y que atrapan minerales dentro del tubo digestivo, en especial el calcio, impidiendo su absorción intestinal.

Adaptaciones metabólicas al carnivorismo

Alguien puede pensar que esta transformación de nuestros antecesores al carnivorismo es pura especulación. Pero, además de los datos arqueológicos, existen pruebas metabólicas y morfológicas que sustentan lo que venimos comentando. Veamos en qué consisten algunas de estas pruebas.

Los carnívoros estrictos, como por ejemplo los felinos, obtienen todos sus nutrientes exclusivamente de los tejidos de otros animales, sin ingerir ningún vegetal, excepto para purgarse. A lo largo de los millones de años de evolución han desarrollado cietas adaptaciones bioquímicas que son indicadoras de esta dependencia exclusiva de la carne. Muchas de estas adaptaciones bioquímicas incluyen el aumento o la reducción de la actividad de determinados enzimas que se requieren para la síntesis y el metabolismo de ciertos nutrientes. Entre estas adaptaciones destaca la enorme capacidad de fabricar glucosa a partir de ciertos aminoácidos. Esto se justifica porque los tejidos animales contienen poca glucosa y estos carnívoros estrictos nunca comen vegetales, así que la única forma que tienen de conseguir la glucosa necesaria es degradando algunas proteínas y transformando en glucosa los aminoácidos. Este proceso se denomina neoglucogénesis.

De la misma forma, la dieta rica en alimentos de origen animal que siguieron nuestros ancestros a lo largo de un millón y medio de años de evolución ha producido numerosas adaptaciones bioquímicas en nuestro metabolismo, alejándonos de los herbívoros y aproximándonos a los carnívoros. Comentaremos algunos de los cambios más significativos.

La vitamina B_{12}

La ciancobalamina o vitamina B_{12} es un nutriente esencial tanto para los mamíferos carnívoros como para los herbívoros. Es la vitamina encargada de la fabricación de los componentes elementales de nuestra sangre y su deficiencia produce la llamada anemia perniciosa. Como esta vitamina no se encuentra en las plantas superiores, los herbívoros se surten de la vitamina B_{12} que fabrican determinadas bacterias en el interior de sus cámaras de fermentación. Los felinos no pueden sintetizar vitamina B_{12} en su intestino, que es demasiado corto y no posee cámara de fermentación, así que dependen de la ingestión de carne, que contiene esa vitamina en abundancia. Nosotros, a lo largo de la evolución, hemos perdido la capacidad de sintetizar o absorber la vitamina B_{12} producida por las bacterias intestinales; no tenemos el intestino grueso suficientemente largo y la poca vitamina B_{12} que producen las bacterias en el intestino grueso no puede absorberse; está en un lugar demasiado alejado, aguas abajo, para una absorción eficaz. Por ello necesitamos ingerirla comiendo alimentos de origen animal. Otro detalle indica también el desarrollo de una dependencia exterior para el aporte de vitamina B_{12}. Para su absorción precisa unirse a una proteína que facilita el proceso, el llamado Factor Intrínseco, que se produce en unas células de la mucosa del estómago.

La taurina

La taurina es un aminoácido muy abundante en los alimentos de origen animal y es un nutriente esencial para las células de todos los mamíferos. Los herbívoros son capaces de sintetizar taurina a partir de los aminoácidos precursores, procedentes de las proteínas de las plantas que comen, pero los carnívoros han perdido esa capacidad. Todos los alimentos de origen animal, excepto la leche de vaca, son muy ricos en taurina, y por eso los carnívoros han dejado de fabricarla en sus propias células, ya que es más barato conseguir la taurina necesaria a partir de la carne de sus presas. Los seres humanos mantienen cierta capacidad de sintetizar taurina en el hígado pero ésta es insuficiente para cubrir las necesidades, como se demuestra por los bajos niveles de taurina en plasma que se miden en los vegetarianos estrictos. Esto es consecuencia de una reducción parcial de la capacidad de sintetizar este aminoácido en la especie humana a causa del consumo de carne en nuestro último millón de años de evolución.

La vitamina A

Otro ejemplo interesante es el de la vitamina A. Esta molécula no se encuentra preformada en los tejidos vegetales y los herbívoros la deben sintetizar en su propio hígado a partir de los precursores, los carotenos, que abundan en algunos vegetales. Los hígados de todos los animales, y en especial de ciertos peces, son muy ricos en vitamina A. Los carnívoros estrictos han perdido la capacidad de sintetizarla, ya que nunca ingieren estos precursores vegetales y porque comen el hígado o las vísceras de sus presas, muy ricos en vitamina A ya sintetizada. Los seres humanos tenemos una capacidad muy limitada de sintetizar vitamina A a partir de los carotenos vegetales, y por eso necesitamos ingerirla. Por otra parte, esta vitamina es una de las pocas cuyo exceso puede ocasionar tan graves dolencias como su carencia. En los restos fósiles de una hembra de *Homo erectus*, encontrada en Kenia y datada en 1,6 millones de años, se encontró una llamativa patología en los huesos largos de las piernas. Presentaba unas excrecencias óseas un depósito anormal de hueso que resaltaba hasta 7 mm sobre la superficie normal del hueso. El análisis de este material sugiere que se trataba de una hiperostosis a consecuencia, probablemente, de una hipervitaminosis A, quizá motivada por un consumo excesivo de hígado, que contiene esta vitamina en grandes cantidades. Unas lesiones óseas idénticas se han visto en exploradores árticos afectados de hipervitaminosis A por un consumo excesivo de hígado de focas y de osos polares.

Los ácidos grasos poliinsaturados

Otro aspecto interesante de nuestra adaptación a la dieta carnívora nos lo proporciona el metabolismo de los ácidos grasos poliinsaturados, de los que ya hemos hablado con cierto detalle en el Capítulo 3. Los alimentos de origen vegetal, como vimos, contienen abundantes ácidos grasos de 18 átomos de carbono, en su mayoría insaturados de los tipos omega-3 y omega-6, pero carecen prácticamente de los ácidos grasos poliinsaturados de larga cadena que precisan las células animales, de 20 y 22 átomos de carbono. Estos ácidos grasos poliinsaturados de largas cadenas son moléculas de gran importancia porque forman parte de la estructura de las membranas celulares y son precursores de biomoléculas muy activas como las prostaglandinas o los tromboxanos, entre otras. Los ácidos grasos poliinsaturados de la familia omega-6, que abundan en los animales, son el ácido araquidónico (AA; C20:4, ω-6) y el ácido docosapentanoico (DPA, C22:5,ω-6). Los ácidos grasos poliinsaturados de la familia omega-3, que abundan en los tejidos animales, son el eicosapentanoico (EPA, C20:5, ω-3) y el docosahexanoico (DHA, C22:6, ω-3).

Como estos ácidos grasos no abundan en las plantas, los animales tienen que sintetizarlos en sus propias células. Los herbívoros han evolucionado y se han adaptado a esta circunstancia de tal forma que poseen en el hígado una dotación muy completa de unos enzimas denominados desaturasas (enzimas que aumentan el número de dobles enlaces en los ácidos grasos) y elongasas (enzimas que aumentan la longitud de las cadenas de átomos de carbono en los ácidos grasos). Estos enzimas hepáticos permiten que los ácidos grasos vegetales, fundamentalmente linoleico (C18:2, ω-6) y linolénico (C18:3 ω-3) se transformen en los ácidos grasos propios de los tejidos animales. En contraste, los carnívoros como los gatos carecen de estos enzimas; no los necesitan, ya que obtienen todos los ácidos grasos poliinsaturados de larga cadena que precisan directamente de la carne de sus presas. Los humanos somos más similares a los gatos que a las vacas, y poseemos una baja actividad de enzimas elongasas y desaturasas en nuestro hígado, a causa de la reducción de la presión selectiva por este rasgo que ocasionó nuestro dilatado pasado carnívoro. Además, tenemos una necesidad aumentada de estos compuestos a causa de nuestro gran cerebro, como luego veremos.

Resulta sorprendente ver como la industria alimentaria conoce esta carencia evolutiva de los humanos y nos aturde con reiteradas campañas publicitarias de productos que contienen en abundancia estos ácidos grasos.

Existen otras muchas pruebas de nuestra adaptación al carnivorismo parcial. Por ejemplo: las necesidades de hierro, mineral cuya disponibilidad biológica es mayor en los alimentos animales que en los vegetales, y la presencia en las células intestinales de receptores para el hierro-HEM que sólo existe en los alimentos animales.

La asimilación de una dieta rica en proteínas

Podemos imaginar, sobre los datos de que disponemos, a una tribu de *Homo ergaster* que habitaba hace un millón de años un bosquecillo cerca de un lago. Se alimentaban fundamentalmente de pescados, moluscos, reptiles e insectos que rebuscaban por los alrededores de su refugio, y estos alimentos se complementaban con algunas raíces, bayas o frutos y, ocasionalmente, con alguna carroña a medio consumir con la que se topaban. Cuando sucedía este feliz acontecimiento, toda la tribu se reunía para devorar, lo más rápidamente posible, aquellos restos. Utilizaban piedras para romper los huesos y extraer el tuétano o el encéfalo a los que no habían podido acceder las hienas, y fabricaban unas piedras con filo para descarnar los restos de carne pegados a los huesos o a la piel del animal. Todos estos alimentos son muy ricos en proteínas y en grasas y muy pobres en azúcares.

¿Cómo se produce la asimilación de una comida de estas características? Cuando se digieren las proteínas de la carne, en el intestino aparecen aminoácidos, muy poca glucosa y algo de grasa. La absorción de estos nutrientes desencadena un pequeño aumento de la secreción de insulina. Se corre el riesgo de que esta insulina introduzca dentro de las células la escasa glucosa absorbida y desencadene una hipoglucemia. Además, parte de la glucosa que penetrase en el organismo del *Homo ergaster* debía reservarse para los tejidos que, como el cerebro, la utilizan en exclusiva.

La solución de la selección natural para resolver esta situación fue potenciar la insulinorresistencia. Realmente, esta dificultad de la insulina para actuar sobre sus receptores, que ocasiona que la glucosa no penetre con facilidad en las células del músculo y del hígado, es el mecanismo que permite sobrevivir a una dieta pobre en hidratos de carbono y rica en proteínas. Los carnívoros verdaderos, como los felinos, son animales genéticamente insulinorresistentes.

Esto justifica la paradoja de por qué no se desmaya un tigre después de devorar una presa. Tras ingerir el músculo de una pieza recién cobrada y digerirla, al organismo del tigre prácticamente sólo penetran aminoácidos, algo de grasa y casi nada de glucosa. Se produce un discreto aumento de la secreción de insulina en respuesta al aumento de aminoácidos en sangre. Si las células del tigre presentaran una gran sensibilidad a la acción de la insulina, ésta forzaría la entrada de la poca glucosa circulante dentro de las células y se produciría una hipoglucemia, con fatales consecuencias para el tigre. ¡Imagínense el problema para ese animal si se desmayara cada vez que come! Esto lo soluciona la insulinorresistencia, tanto en los felinos como en los humanos. Nosotros también podemos asimilar una comida exclusivamente compuesta de carne.

Numerosos estudios clínicos prueban estas adaptaciones metabólicas al carnivorismo. Por ejemplo cuando se estudia la evolución de la cifra de glucosa en sangre (incrementos o decrementos sobre el valor basal) obtenida cuando se administra un batido rico en proteínas a individuos insulinosensibles e insulinorresistentes.

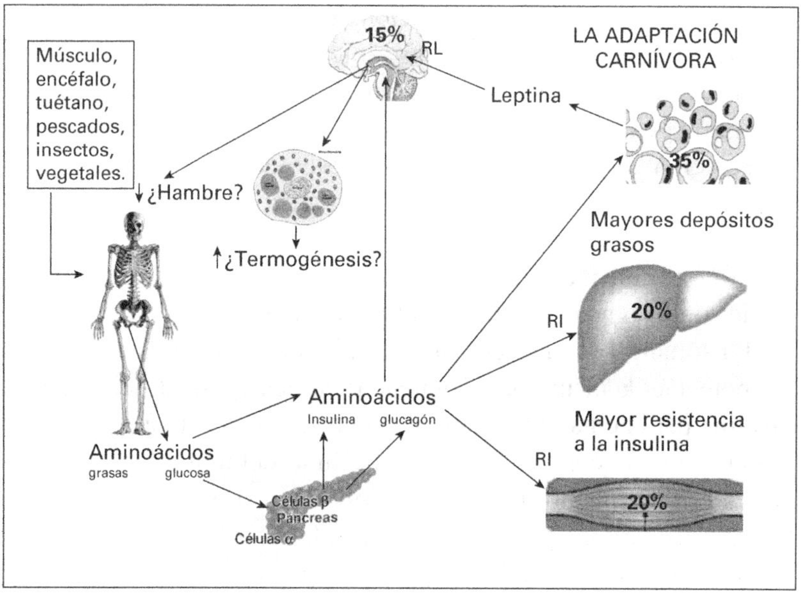

FIGURA 5.1. La asimilación de la carne

El *Homo ergaster* se vio forzado a convertirse en carnívoro, y para ello la evolución diseñó su organismo incorporando algunas de las características de los carnívoros, como es la insulinorresistencia (RI) en hígado y músculo. Cuando encontraba una carroña y comía exclusivamente carne, apenas entraba glucosa en su intestino. Si sus células tuvieran una elevada sensibilidad a la insulina, el aumento de la secreción de insulina, en respuesta al aumento de los aminoácidos en sangre, metería en las células la poca glucosa circulante y se produciría una hipoglucemia. Los dos mecanismos que previenen este percance son la insulinorresistencia, que es fisiológica en los felinos, y la secreción de glucagón estimulada por los aminoácidos. Esta otra hormona pancreática estimula que el hígado lance glucosa a la sangre y así evita que descienda demasiado la glucemia. Los porcentajes indican la proporción de la glucosa que consume cada órgano. RL significa resistencia a la leptina.

Se observa que cuando se les da una comida exclusivamente de proteínas a personas con elevada sensibilidad a la insulina, se produce una hipoglucemia, lo que no sucede cuando esa comida proteica se administra a individuos insulinorresistentes. Esto también puede explicar por qué a muchas personas les resulta tan difícil comer carne sola, sin un acompañamiento de hidratos de carbono en forma de pan, de verduras o de patatas.

La supervivencia a los períodos de hambruna

Esta insulinorresistencia, como ya vimos, también era la clave para sobrevivir a los períodos de hambruna que estos homínidos debían de padecer con más frecuencia de lo que desearían. Cuando nuestros antecesores llevaban unos días sin encontrar ninguna carroña aprovechable, sin conseguir cazar ninguna pieza, desesperados de pasarse horas tratando de atrapar algún pez, tenían que recurrir a metabolizar las reservas de grasa. La respuesta al ayuno prolongado es un complejo entramado de reacciones metabólicas controladas por las tres hormonas del estrés (el ayuno es una emergencia), el glucagón, el cortisol y las catecolaminas, que ponen en marcha acciones metabólicas fundamentales para la supervivencia en tres tejidos: el hígado, el tejido adiposo y el músculo.

A las pocas horas del inicio del ayuno comienzan a vaciarse los depósitos de glucógeno del hígado, que dan lugar a la producción de glucosa para que el cerebro tenga combustible suficiente. Estos depósitos sólo duran unas pocas horas. Enseguida comienzan a consumirse las grasas acumuladas en el tejido adiposo. Bajo la influencia de las hormonas catabólicas, los triglicéridos se escinden en ácidos grasos y en glicerol. Los ácidos grasos pueden ser utilizados por los músculos y el corazón para producir energía. Cuando se agotan las reservas de glucógeno hepático, una parte de los ácidos grasos se transforma en el hígado en cuerpos cetónicos, que constituyen un sucedáneo metabólico para el cerebro en situaciones de carencia extrema de glucosa.

Un elemento fundamental para sobrevivir a una hambruna es la capacidad de conservar la mayor cantidad posible de las proteínas musculares. En situaciones de ayuno prolongado, la glucosa que precisa el cerebro debe fabricarse a partir de los aminoácidos (neoglucogénesis). Pero siempre se intentan ahorrar las proteínas; sólo en circunstancias muy excepcionales éstas se queman para obtener energía, de la misma forma que no quemamos los muebles de nuestra casa para calentarla. Con este ahorro de proteínas el individuo es capaz de mantener la masa muscular, es decir, la fuerza para cazar o buscar comida con éxito a la primera oportunidad, o la de protegerse frente a los peligros que le acechen.

Los patrones de adiposidad

La insulinorresistencia, que permitía que circulasen por la sangre cantidades elevadas de insulina, estimulaba la acumulación rápida de grasa en el tejido adiposo y, de esta forma, se potenció la tendencia a la obesidad; se afianzó el mono obeso.

Pero una cosa es desarrollar mecanismos que permitan acumular grandes cantidades de grasa en condiciones de abundancia de alimentos y otra muy diferente es elegir un lugar adecuado del organismo donde almacenarla. En cada especie animal existe una estrategia para acumular la grasa donde menos estorbe. Los búfalos la acumulan detrás del cuello, los camellos sobre la espalda, las focas debajo de la piel de todo el cuerpo. ¿Y los seres humanos? ¿Dónde dispuso la evolución este necesario almacén de energía?

Si un ingeniero tuviese la responsabilidad de diseñar un depósito de gran cantidad de grasa en un ser bípedo como el ser humano, desde luego que descartaría poner la grasa en la espalda, ya que lo desequilibraría. Tampoco la pondría en el cuello o en los brazos, porque limitaría la manipulación. Mucho menos en las piernas, lo que dificultaría el caminar y el correr. Este ingeniero pensaría en poner la grasa debajo de la piel, es decir, optaría por el modelo foca, como la forma más eficaz y menos molesta de acumular grasa. Sólo existe un inconveniente y es que el homínido no habitaría aguas frías y, por lo tanto, no podría poner demasiada grasa subcutánea, así que necesitaría otro depósito adicional; así pues, este ingeniero, que es la selección natural, eligió la barriga para llevar un saco cargado de grasa en una posición fácil de transportar por un homínido trotador. El problema es que esta grasa abdominal es una ventaja en el macho, pero es una molestia en las hembras, en las que a lo largo del embarazo crece el útero con la cría en el interior de su vientre y el útero más la grasa es mucho volumen para tan poca cavidad abdominal. El ingeniero evolución resolvió que el depósito adicional de grasa en la hembra estuviera en la parte alta de las piernas. La acumulación de un exceso de grasa en la barriga se denomina obesidad androide y es más frecuente en el hombre; el exceso de grasa

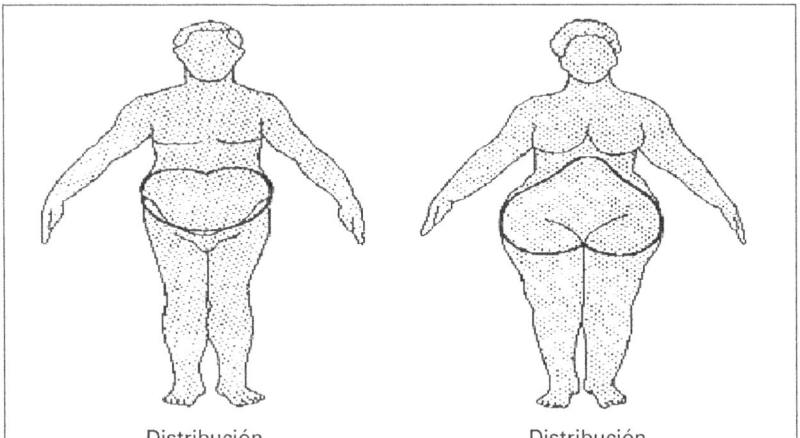

FIGURA 5.2. Los patrones de adiposidad

El ser humano es uno de los mamíferos más grasos que existen. Sus porcentajes de grasa corporal oscilan entre diez y veinte por 100 en el hombre y entre veinte y treinta por 100 en la mujer, tomando en cuenta el peso total en personas no obesas. La grasa corporal se distribuye fundamentalmente bajo la piel, en el interior del organismo rodeando las vísceras más importantes y en la cavidad abdominal. Los dos patrones fundamentales de distribución son el patrón androide, más frecuente en hombres, y el patrón ginoide, más frecuente en mujeres.

en las caderas y muslos es más frecuente en la mujer y de denomina obesidad ginoide.

Por lo tanto, el ser humano acumula grasa en dos localizaciones fundamentales. Una es la grasa subcutánea que forma el panículo adiposo debajo de la piel. La otra es la grasa visceral que se acumula en torno a los principales órganos internos. Se ha propuesto que el exceso de grasa subcutánea serviría de aislante térmico, para compensar la falta de pelo. El recién nacido humano tiene una gran área de superficie corporal en comparación al volumen corporal total y por eso tiende a perder calor. Algunos autores han creído ver en este enorme forro de grasa, tan parecido al de una foca o de un delfín, los residuos de un pasado evolutivo desarrollado en el agua y que Elain Morgan planteó en su libro *The Acuatic Ape*. Más adelante insistiremos en esta hipótesis.

Se acepta que la principal función de la grasa corporal es servir como almacén de energía, que como veremos es esencial para el desarrollo del niño en los primeros meses y para el crecimiento normal de su cerebro. En los niños, la proporción de grasa subcutánea se reduce drásticamente durante la malnutrición, lo que sugiere que la principal misión de esta grasa es servir como fuente de energía, más que como aislante térmico. Los pediatras miden la cantidad de grasa subcutánea del niño para valorar su estado nutricional. Desde mi punto de vista considero que la disposición subcutánea de esta grasa es simplemente la mejor solución a un problema de diseño. El ingeniero que es la evolución no podía pegar bolas de grasa en un ser que tenía que nacer de forma complicada a través de las tortuosidades que en la cadera de la hembra había impuesto la bipedestación. La mejor solución de diseño era repartir toda la grasa bajo la piel, lo que además de una misión energética, confería al neonato una protección mecánica adicional y un cierto aislamiento térmico.

¿Cómo seleccionar una dieta variada?

No todos los nutrientes tienen el mismo efecto sobre el apetito. Los hidratos de carbono son más potentes en inhibir el hambre que las grasas. Esta débil acción de las grasas sobre el apetito puede reflejar el hecho de que nuestros ancestros, realmente no consumían gran cantidad de grasa en su dieta. Esto no es una contradicción con lo antes expuesto. En efecto, la grasa es la forma más eficiente y económica de almacenar energía. Pero la mayoría de esta grasa la fabricaban nuestros ancestros a partir de glucosa y gracias a la hiperinsulinemia, consecuencia del estado de insulinorresistencia. El *Homo ergaster* no debía de comer mucha grasa; los vegetales, salvo unos pocos (aguacates, cocos, palma, aceitunas, frutos secos), carecen de grasa, y los animales que consumía el *Homo ergaster* debían de ser muy magros, con menos de un 4 por 100 de contenido graso, como los animales silvestres hoy en día. Nada que ver con el 20 por 100 de contenido graso de una res de ganadería actual, seleccionada y cebada con tal finalidad. La saciedad por la grasa no ha tenido importancia en nuestra especie hasta hace un par de siglos.

Hoy sabemos de qué ingenioso mecanismo se vale nuestro cerebro para controlar el hambre y el deseo de comer un determinado tipo de alimento y, además, qué precisos sistemas permitieron a nuestro homínido antecesor a procurarse, en la medida de sus posibilidades, una dieta variada. Imaginemos una tribu de *Homo ergaster* que encuentra unos árboles cargados de frutas muy maduras: como contienen hidratos de carbono rápidos, aumenta la glucosa en sangre y se estimula la secreción de insulina. La insulina, entre sus múltiples acciones, favorece la entrada de los aminoácidos en las células para formar las proteínas; pero hay una excepción: el triptófano. El resultado es que tras la acción de la insulina los niveles de triptófano en sangre son mucho más elevados que los del resto de aminoácidos. Y esto, ¿qué implica? Para penetrar en el cerebro los aminoácidos compiten por utilizar el mismo sistema de transporte.

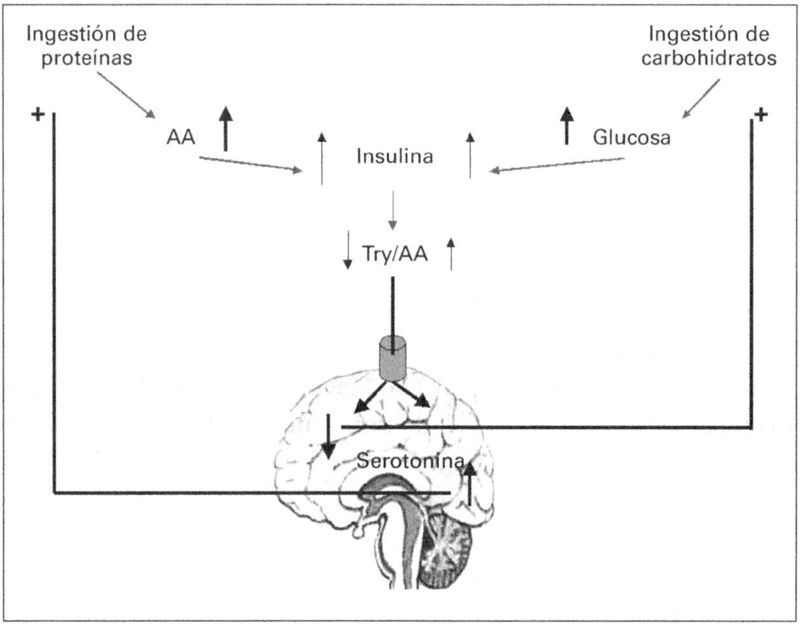

Figura 5.3. El mecanismo de la selección dietética

Si se consume una dieta rica en carbohidratos aumentan mucho las cifras de glucemia y se estimula la secreción de insulina. Dicha hormona mete dentro de las células, además de la glucosa, los pocos aminoácidos (AA) circulantes en sangre. Esto no afecta al aminoácido triptófano (Try), que por esta razón predomina sobre el resto de aminoácidos y tiene más oportunidad de penetrar en el cerebro, donde se transforma en serotonina. El aumento de este neurotransmisor inhibe el apetito por los hidratos de carbono y estimula la apetencia por proteínas. Cuando se ingiere una comida proteica, aumenta poco la glucemia pero mucho todos los aminoácidos en sangre. El triptófano tiene que competir con el resto de aminoácidos para penetrar en el cerebro y, en consecuencia, se sintetiza menos serotonina. Los bajos niveles de serotonina estimulan el apetito por los hidratos de carbono e inhiben la apetencia por proteínas.

Es como si todos forcejearan para entrar por un solo agujero. Vence el aminoácido que más abunda en la sangre, en este caso el triptófano. Este aminoácido dentro del cerebro tiene una misión esencial, la de formar el neurotransmisor serotonina. Recordemos que este neurotransmisor es el que induce la saciedad en el hipotálamo medial; específicamente, potencia la saciedad por hidratos de carbono y no afecta al apetito por las proteínas. Así que tras un atracón de hidratos de carbono, gracias a este eficaz mecanismo cesa el apetito por lo dulce y se acrecienta el apetito por las proteínas.

Si, por el contrario, esta tribu de *Homo ergaster* encuentra una carroña intacta y se atracan de carne, se produce un gran aumento de todos (los veinte) aminoácidos en la sangre, que compiten en igualdad de condiciones con el triptófano para penetrar en el cerebro. El resultado es que disminuye la entrada de triptófano (está en minoría ante el agujero) al cerebro y, por lo tanto, disminuye la síntesis de serotonina. En estas condiciones se acrecienta el apetito por hidratos de carbono. Además, la insulina liberada, en ausencia de ingestión de glucosa, produce una ligera hipoglucemia. Ambas circunstancias estimulan un apetito específico por ingerir hidratos de carbono. Este mecanismo garantizó en nuestros ancestros la alternancia en los tipos de alimentos, para así ingerir al cabo de los días una dieta equilibrada.

Una de las consecuencias sorprendentes de la persistencia de este mecanismo en el *Homo sapiens* actual es el efecto antidepresivo de los dulces. Unos bombones en una tarde solitaria producen un aumento de la glucemia y estimulan la secreción de insulina, ocasionan que predomine el triptófano en la sangre y que, por lo tanto, penetre en el cerebro y se transforme en serotonina. Está demostrado que la depresión tiene que ver con descensos de este neurotransmisor cerebral, y todos los fármacos antidepresivos tienden a aumentar los niveles de serotonina en el cerebro. Este mecanismo fisiológico lo aprovechan los anunciantes de dulces y bombones, que ofertan sus productos desde la televisión a media tarde. Pretenden aprovechar la circunstancia un poco depresiva, para muchas mujeres de cierta edad, de ver su casa vacía, sin el alboroto de sus hijos que ya se han emancipado. Es el llamado «Síndrome del nido vacío».

El diseño metabólico del género *Homo*

En el *Homo ergaster* la evolución adaptó el diseño de su organismo para enfrentarse a unas nuevas condiciones climáticas y alimenticias. Seleccionó una especie capaz de superar dos circunstancias: comer una dieta en la que los alimentos de origen animal adquirían cada vez más importancia y soportar largos períodos de ayuno. La clave de la adaptación fue el potenciar la insulinorresistencia en las células musculares y en el hígado. Esto permitía por un lado la acumulación rápida de reservas de energía en forma de grasa en los períodos de bonanza y el ahorro de proteínas en los períodos de hambruna.

El tejido adiposo juega un papel esencial para sobrevivir a las hambrunas, ya que almacena mucha energía en poco volumen y los ácidos grasos que se liberan de estos depósitos son una fuente de energía para el músculo y para el corazón. Por otra parte, la insulinorresistencia favorece el que se conserve la glucosa para que pueda ser utilizada por el cerebro y otras células que también usan este azúcar como único combustible. De esta forma se ahorran proteínas musculares. Este mecanismo preserva suficiente masa muscular, que puede ser necesaria para buscar comida o para salvarse de alguna amenaza. En circunstancias extremas de un ayuno de varios días, parte de los ácidos grasos liberados del tejido adiposo pueden transformarse en el hígado en cuerpos cetónicos que son una especie de sucedáneo alternativo provisional para ser usado por el cerebro.

La clave para entender estas adaptaciones es que entre los escasos períodos de abundancia se intercalaban abundantes períodos de escasez o de hambrunas; además, cualquier circunstancia se acompañaba de una gran actividad física, ya fuera por huir de algún peligro o por deambular a través de las sabanas inmensas en busca de alimento. Este diseño no tiene nada que ver con la situación actual de abundancia permanente y sedentarismo. Se ve bien la desviación del diseño si consideramos las dietas hiperproteicas que consumimos hoy. Nuestro riñón está diseñado para ser capaz de asimilar un atracón de carne de vez en cuando, pero no para la sobrecarga diaria de proteínas que caracteriza la dieta actual de muchas personas.

Para saber más

Para aquellos interesados en profundizar sobre nuestro pasado como carnívoros y carroñeros recomiendo las siguientes obras:

R. Ardrey, *La evolución del hombre: la hipótesis del cazador*, Alianza Editorial, Madrid, 1990.
R. J. Blummenschine y J. A. Caballo, *Carroñeo y evolución humana*, Libros de Investigación y Ciencia, Prensa Científica, Barcelona, 1993.
S. Semaw. «2.5 million years old Stone tools from Goma. Ethiopia», *Nature*, 385, 1997, pp. 333-336.

Respecto a la alimentación carnívora de nuestros ancestros y las adaptaciones que permitió el desarrollo de la insulinorresistencia, aconsejo los siguientes artículos:

J. E. Gerich, «Is muscle the major site of insulin resistance in type 2 (non insulin dependent) diabetes mellitus?», *Diabetologia*, 34, 1991, pp. 607-610.
C. Phillipson, «Paleonutrition and modern nutrition», *World Reviews Nutrition and Diet*, Basilea, Karger, 81, 1997, pp. 38-48.
G. M. Reaven, «Hypothesis: muscle insulin resistance is the «not so» thrifty genotype», *Diabetologia*, 41, 1998, pp. 482-484.
M. Nestle, «Animal v. plant food in human diet and health: is the historical records unequivocal?», *Proceedings of the Nutrition Society*, 58, 1999, pp. 211-218.
J. C. Brans-Miller y S. Colagiuri, «Evolutionary aspects of diet and insulin resistance», *World Reviews Nutrition and Diet*, Basilea, Karger, 84, 1999, pp. 74 105.

S. Colagiuri *et al.*, «The carnivore connection. Evolutionary aspects of insulin resistance». *European Journal Clinical Nutrition*, 56, 2002, pp. s30-s35.

No hay que olvidarse de echar una ojeada a internet, por ejemplo:

L. Cordain, «Metabolic evidence of human adaptation to increased carnivory», en www.beyondveg.com.

Una muestra de los trabajos propios que abordan el asunto de la toxicidad de las legumbres y de otras semillas cuando se consumen crudas y sus ventajas nutricionales cuando se cocinan son:

M. A. Tormo, F. Barbancho, I. Martines y J. E. Campillo, «Las legumbres y la diabetes: la historia interminable», *Avances en Diabetología*, 13, 1997, pp. 99-104.

J. E. Campillo, M. A. Tormo y R. De Arco, «Las legumbres: una justa reivindicación en marcha», *Alimentación, Nutrición y Salud*, 6, 1999, pp. 71-76.

6

La carroña y el pescado nos hicieron inteligentes

¿Cuánto cuesta un cerebro?

En dos millones de años de evolución se dobló el volumen cerebral desde los 450 cm^3 del *Australopithecus afarensis* hace cuatro millones de años hasta los 900 cm^3 del *Homo ergaster*. Es un misterio cómo se llegó a desarrollar nuestro cerebro con una capacidad de 1.300 cm^3 y una complejidad estructural tan sorprendente. Pero también resulta intrigante cómo fue posible que nuestro cerebro evolucionara a la velocidad a la que lo hizo: en apenas tres millones de años su volumen pasó de 450 a 1.300 cm^3. Esto representa un crecimiento de casi 30 mm^3 por siglo de evolución. Si consideramos una duración media de treinta años para cada generación, han pasado unas cien mil generaciones desde Lucy hasta nosotros, lo que supone un crecimiento medio de 9 mm^3 de encéfalo por generación ¡El tamaño de un dado de juego!

El aumento del volumen del cerebro es una especialización como la de cualquier otro órgano, y la selección natural favoreció el crecimiento encefálico porque proporcionó ventajas de supervivencia y reproducción en el nicho ecológico de los homínidos. Tradicionalmente, a la hora de abordar la cuestión de la evolución del cerebro se plantean grandes cuestiones: ¿Para qué necesitaron nuestros antecesores un cerebro grande? ¿Por qué la evolución desarrolló una estructura que permite sembrar una huerta, componer una sinfonía, escribir una poesía o diseñar la bomba atómica? Estas y otras muchas preguntas, que casi hay que formularlas puestos en pie y con la mano en el pecho, nunca tienen una respuesta científica. Nosotros vamos a abordar el asunto desde una perspectiva más prosaica. Considerando al cerebro un lujo evolutivo, la herramienta más delicada y precisa jamás creada en la biología, nos vamos a preguntar: ¿qué nos costó permitirnos ese lujo? Claro que estamos hablando de precio energético, de kilocalorías, no de euros. Así que un asunto de interés, en el contexto de este libro, es el preguntarnos cómo se desarrollaron las adaptaciones metabólicas que permitieron tan elevada tasa de crecimiento cerebral y posibilitaron el desarrollo de esas estructuras únicas sobre las que asienta el intelecto y la consciencia.

El órgano costoso y caprichoso

El cerebro es un órgano que consume mucha energía y posee una elevada actividad metabólica. El cerebro humano tiene una actividad metabólica varias veces mayor de lo esperado para un primate de nuestro mismo peso corporal: consume entre un 20 y un 25 por 100 del gasto energético en reposo (metabolismo basal), en comparación con el 8 a 10 por 100 de consumo energético para otros primates. Además, el cerebro es exquisito y muy caprichoso en cuanto al combustible que utiliza para producir energía; no le sirve cualquier cosa. En situaciones normales el cerebro sólo consume glucosa y utiliza 100 gramos de este azúcar cada día, la cual procede de los hidratos de carbono ingeridos con los alimentos vegetales. Sólo en casos de extrema necesidad, por ejemplo cuando llevamos varios días sin comer hidratos de carbono, el cerebro recurre a su combustible alternativo, un sucedáneo, que son los cuerpos cetónicos que proceden de las grasas.

A causa de estas peculiaridades metabólicas del tejido cerebral, su funcionamiento entraña un importante consumo de recursos y

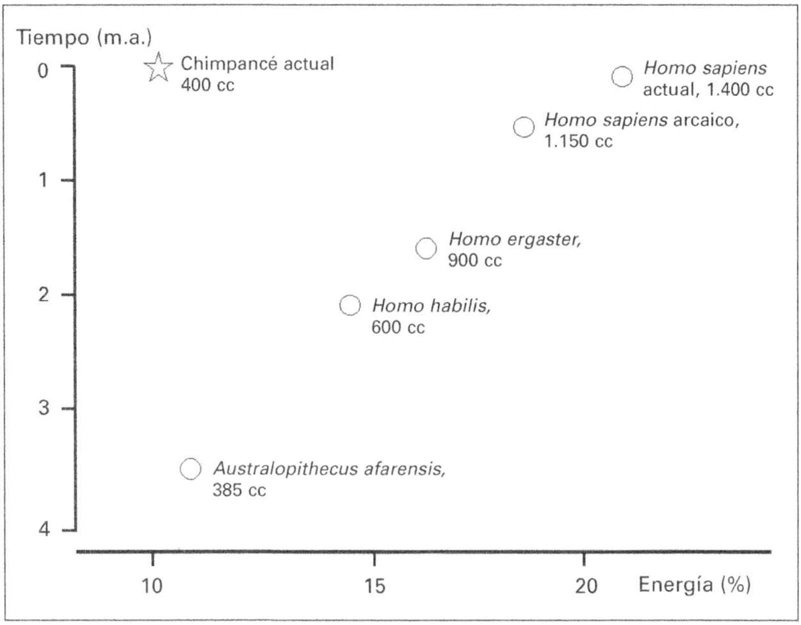

FIGURA 6.1. Gasto energético y evolución cerebral

En la figura se muestra cómo el aumento del tamaño y complejidad del cerebro, a lo largo de la evolución, se acompañó de un incremento del gasto energético, que en la figura se expresa en porcentaje del metabolismo basal. Se ha elaborado esta figura sobre los valores de Leonard, 2003.

gasta una notable cantidad de combustible metabólico. Estos valores aumentan si consideramos el precio del desarrollo del cerebro; el cerebro de un recién nacido representa el 12 por 100 del peso corporal y consume alrededor del 60 por 100 de la energía del lactante. Una gran parte de la leche que mama un niño se utiliza para mantener y desarrollar su cerebro.

¿Cerebro o intestino? Ésa es la cuestión

Ante este gasto tan elevado se plantea una cuestión de reparto. La cantidad de energía que un organismo puede introducir en forma de alimentos no es ilimitada. Depende en gran parte de la dificultad de conseguir unos alimentos de elevada calidad energética y de la capacidad de digerirlos. En cualquier caso, sea mucha o poca la energía que se ingiere cada día, hay que repartir esas calorías para permitir el funcionamiento de los diferentes órganos y sistemas que componen el organismo en su totalidad.

La energía de los alimentos debe permitir que funcione el cerebro, que el corazón lata y que la sangre circule, que el fuelle de los pulmones no se pare, que el riñón filtre, que las glándulas endocrinas fabriquen sus secreciones, que nuestro aparato digestivo digiera los alimentos y absorba los nutrientes y que los músculos se contraigan para permitirnos movernos. La energía debe dar para todos, y si alguno de estos sistemas gasta más de la cuenta, hay que quitárselo a otro; pero si el cerebro gasta demasiado, ¿a quién se lo quitamos?

En 1891, sir Arthur Keit enunció que en los primates existe una relación inversa entre el tamaño del cerebro y el del intestino: «Un primate no puede permitirse tener a la vez un sistema digestivo grande y un cerebro también grande». En 1995, L. Aiello y P. Wheeler completaron este principio formulando la llamada «Hipótesis del órgano costoso». En ella se establece que, dado que el cerebro es uno de los órganos más costosos desde el punto de vista metabólico, un aumento del volumen cerebral sólo sería posible a cambio de reducir el tamaño y la actividad de otro órgano con similar consumo de energía. ¿Pero cuál es este órgano? El otro sistema que consume tanta energía como el cerebro es el aparato digestivo. El intestino puede reducirse a lo largo de la evolución porque su tamaño, en una determinada especie, depende de la calidad de la alimentación que esa especie ingiera. Una alimentación de alta calidad es la que se digiere con facilidad y libera mayor cantidad de nutrientes y energía por unidad de trabajo digestivo invertido. La alimentación a base de plantas es de calidad más baja que la dieta a base de carne, por eso una forma de aumentar la calidad dietética de una alimentación es incrementar la cantidad de comida de procedencia animal (huevos, carne, insectos, pescados, reptiles). Cuando se comparan las proporciones de volumen de cerebro y de aparato digestivo en humanos y en chimpancés en términos energéticos se obtiene un resultado concluyente: la energía ahorrada por la reducción del tamaño del intestino en humanos es aproximadamente del mismo orden que el coste energético adicional de su mayor cerebro. Así, según estas teorías, la expansión cerebral que se produjo durante la evolución desde nuestros antecesores hasta el hombre sólo fue energéticamente posible mediante una reducción paralela del

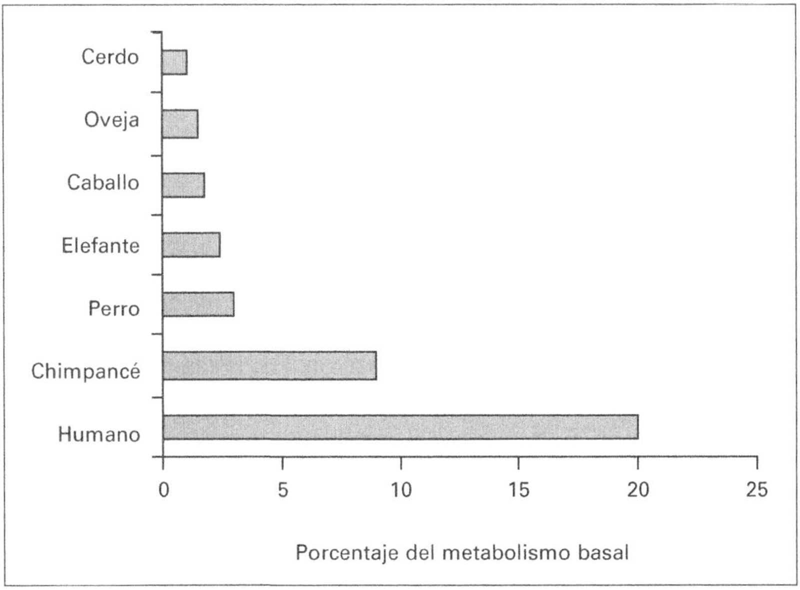

FIGURA 6.2. Coste energético del cerebro

En la figura se representa el consumo energético cerebral en humanos y en algunos otros mamíferos, expresado en porcentaje del metabolismo basal.

tamaño del aparato digestivo, y eso fue consecuencia del cambio de dieta.

La evolución pudo haber optado por otras soluciones, por ejemplo la de incrementar la cantidad total de energía en forma de alimento, para así permitir que hubiera energía a la vez para un voluminoso cerebro y para un gran aparato digestivo, pero esto planteaba la dificultad insalvable de cómo conseguir cada día tanta comida. Esta solución sólo había sido posible en un entorno de gran abundancia de alimentos energéticos, pero ya hemos visto que lo que disparó nuestra separación del resto de los primates e inició el camino hacia la especie humana fue precisamente el abandono del bosque.

Para la selección natural, la expansión cerebral del *Homo* sólo fue posible mediante un cambio en la alimentación: reducción en el consumo de vegetales y aumento del consumo de animales. Esta es la única fórmula que proporcionó los dos requisitos necesarios como el disponer de un intestino más pequeño y el ahorrar energía para dedicarla al desarrollo del cerebro.

Los ladrillos del cerebro

Resulta evidente que el estímulo para la expansión evolutiva del cerebro obedeció a diversas necesidades de adaptación como por ejemplo el incremento de la complejidad social de los grupos de homínidos y de sus relaciones interpersonales. Estas y otras muchas razones fueron la clave para que la selección natural incrementara ese prodigioso edificio que es el cerebro humano. Pero para ampliar cualquier edificio, además de un estímulo para hacerlo, se necesitan los ladrillos específicos con los que construirlo y la energía con la que mantenerlo funcionando.

La evolución rápida del cerebro no sólo requirió alimentos de una elevada densidad energética y abundantes proteínas, vitaminas y minerales. El crecimiento del cerebro necesitó de otro elemento fundamental: un aporte adecuado de ácidos grasos poliinsaturados de larga cadena, que son componentes fundamentales de las membranas de las neuronas, las células que hacen funcionar a nuestro cerebro.

Nuestro organismo, como ya se ha señalado, es incapaz de sintetizar en el hígado suficiente cantidad de estos ácidos grasos; tiene que conseguirlos mediante la alimentación. Estos ácidos grasos son abundantes en los animales, y en especial en los alimentos de origen acuático (peces, moluscos, crustáceos). Por ello, algunos autores consideran que la evolución del cerebro no pudo ocurrir en cualquier parte del mundo y, por lo tanto, requirió un entorno donde existiera una abundancia de estos ácidos grasos en la dieta: un entorno acuático.

El cerebro humano contiene 600 gramos de estos lípidos tan especiales imprescindibles para su función. Entre esos lípidos destacan los ácidos grasos araquidónico (AA, 20:4, ω-6) y docosahexanoico (DHA, 22:6, ω-3); entre los dos constituyen el 90 por 100 de todos los ácidos grasos poliinsaturados de larga cadena en el cerebro humano y en el del resto de los mamíferos. Una buena provisión de estos ácidos grasos es tan importante que cualquier deficiencia dentro del útero o durante la infancia puede producir fallos en el desarrollo cerebral. El entorno geográfico del África Oriental donde evolucionaron nuestros ancestros proporcionó una fuente única nutricional, abundante de estos ácidos grasos esenciales para el desarrollo cerebral. Esta es otra de las circunstancias extraordinarias que favoreció nuestra evolución.

Ya hemos comentado que las evidencias fósiles indican que el género *Homo* surgió en un entorno ecológico único, como es el formado por los numerosos lagos que llenan las depresiones del valle del Rift, el cual, en conjunto y desde un punto de vista geológico, es considerado un «protoocéano». El área geográfica formada por el mar Rojo, el golfo de Adén y los grandes lagos del Rift forman lo que en geología se conoce como «océano fallido». Son grandes lagos, algunos de gran profundidad (el lago Malawi tiene 1.500 metros y el lago Tanganika, 600 metros) y de una enorme extensión (el lago Victoria, de casi 70.000 km^2, es el mayor lago tropical del mundo). Se llenaban, como hacen hoy, del agua de los numerosos ríos que desembocan en ellos; por eso sus niveles varían según las condiciones climatológicas regionales y estacionales.

Muchos de estos lagos son alcalinos debido al intenso vulcanismo de la zona. Son abundantes en peces, moluscos y crustáceos que tienen proporciones de lípidos poliinsaturados de larga cadena muy similares a los que componen el cerebro humano. Este entorno, en el que la especie *Homo* evolucionó durante al menos dos millones de años, proporcionó a nuestros ancestros una excelente fuente de proteínas de elevada calidad biológica y de ácidos grasos poliinsaturados de larga cadena, una combinación ideal para hacer crecer el cerebro. Esta es otra de las razones en la que se apoyan algunos para sugerir que nuestros antecesores se adaptaron durante algunos cientos de miles de años a un entorno litoral, posiblemente a una vida lacustre, en el «océano fallido» de los grandes lagos africanos y que nuestra abundante capa de grasa subcutánea es la prueba de esta circunstancia de nuestra evolución.

La realidad es que este entorno lacustre proporcionó abundantes alimentos procedentes del agua, ricos en proteínas de buena calidad y en ácidos grasos poliinsaturados. Estos alimentos completaban la carroña incierta o la caza casi imposible. Durante cientos de miles de años los homínidos evolucionaron en este entorno entre la sabana ardiente y las extensiones interminables de aguas someras por las que vagaban los clanes de nuestros antepasados chapoteando a lo largo de kilómetros en busca de alimento. Este entorno único no sólo garantizó los nutrientes imprescindibles para el desarrollo del cerebro, sino que aceleró numerosos cambios evolutivos que confluirían en el *Homo sapiens*.

Tamaño cerebral y grasa del niño

Los seres humanos no podemos nacer con nuestro enorme cerebro ya prácticamente formado, como les sucede a nuestros primos los chimpancés, quienes a las dos semanas de nacer ya están llevando una vida casi independiente de su madre. En el chimpancé, con un encéfalo de unos 400 cm^3, el cerebro del feto aumenta rápidamente en complejidad y tamaño dentro del útero. Cuando nace el animal, tras un período de entre 32 y 34 semanas de gestación, su cerebro ha alcanzado ya el 70 por 100 de su tamaño adulto definitivo. El restante 30 por 100 de desarrollo cerebral se completa en los seis primeros meses de vida. Es decir, que a los seis meses el cerebro de un chimpancé es igual al de un animal adulto y la cría ya puede valerse por sí misma.

En un homínido, como el *Homo ergaster*, con un volumen cerebral dos veces mayor que el del chimpancé, un desarrollo paralelo sería impensable: la cría nacería con un tamaño de cráneo de tal magnitud que el parto sería una empresa demasiado arriesgada para haber prosperado en la evolución. Por lo tanto, para resolver el problema de parir un ser con nuestro tamaño cerebral y a través de una pelvis deformada por la bipedestación, la solución fomentada por la selección natural fue la de lanzar a la vida a un ser a medio desarrollar. Es decir, que el parto normal de una mujer es un parto prematuro a escala zoológica; las crías del *Homo* nacían con un elevado grado de inmadurez, casi un año antes de tiempo. Por eso el cerebro del recién nacido humano sólo representa el 25 por 100 del volumen del cerebro del adulto. El crecimiento del cerebro prosigue durante los seis primeros años y no se alcanza su pleno desarrollo hasta los veintitrés años, aproximadamente. Todos estos aspectos de la evolución del desarrollo cerebral se tratan con detalle en *La cadera de Eva*.

¿Y por qué los niños son tan grasos al nacer? Ya hemos reiterado la enorme cantidad de energía que gasta un cerebro. Según los estudios más modernos, la abundante grasa con la que nacen nuestros niños es una garantía frente a una deficiencia en el aporte de energía. El cerebro en crecimiento del niño tiene un elevado consumo energético: llega a consumir entre el cincuenta y el 70 por 100 del gasto metabólico total. Este enorme consumo de energía tiene que estar garantizado frente a cualquier incidencia y esto se logra mediante la gran cantidad de grasa que acumulan los recién nacidos. La vida posnatal comienza con un brusco cese del aporte nutricional materno. En el instante del nacimiento, el flujo de nutrientes a través del cordón umbilical se corta y el recién nacido comienza a movilizar sus propias reservas de grasa para mantener sus requerimientos energéticos hasta que comience a recibir de nuevo nutrientes de la madre mediante la lactancia. Esto a veces se retrasa hasta dos días según la tardanza en ocurrir el fenómeno de «subida de la leche».

Ya hemos comentado que en un bebé humano, al nacer, un 14 por 100 de su peso es grasa. Una tasa superior a la de la cría de la ballena (10 por 100), o del león marino (7 por 100). El depósito de grasa, si la alimentación es la adecuada, se incrementa en los primeros meses de vida. El pico de adiposidad se alcanza hacia los nueve meses de edad cuando el contenido graso de un niño llega hasta un 25 por 100 de su peso corporal. Un niño por debajo de los cinco años utiliza entre el 40 y el 80 por 100 de su metabolismo basal para mantener y desarrollar su cerebro. Por eso las consecuencias de una pequeña deficiencia en el aporte energético pueden ser enormes. Una de las principales causas de subnormalidad es la deficiencia de la alimentación en la infancia. Luego la proporción de grasa en relación al peso corporal se reduce hasta alcanzar el llamado «nadir prepuberal» entre los cinco y siete años de edad. A partir de ese momento se produce el desarrollo de los patrones de distribución de grasa androide y ginoide característicos de cada género.

Las crías de *Homo ergaster* debían de nacer ya con un elevado grado de inmadurez y desvalimiento. Ello se deduce de la consideración del tamaño del cráneo y de la pelvis de los restos fósiles de estos homínidos. Durante casi un año, la cría no tenía ninguna posibilidad de valerse por sí misma, necesitaba cuidados continuos tras el nacimiento. El acto de amamantar a una cría tan desvalida como la humana crea grandes problemas: la madre tiene que ocuparse de su hijo de forma continuada y sujetando al niño contra su pecho y guiando sus acciones a cada paso. A los pocos meses de edad, la lactancia, que supone una carga energética a la madre, debe ser complementada con otros alimentos.

Esta circunstancia exigió a nuestros antecesores homínidos una especialización en la alimentación de sus crías en los primeros años de vida, mediante alimentos de elevada densidad energética, fáciles de masticar y de digerir. De nuevo surge la necesidad de abandonar los patrones de alimentación con vegetales y recurrir a los alimentos animales. Es posible que una hembra de *Homo ergaster*, como una mujer vegetariana hoy día, pudiera amamantar perfectamente a su hijo siguiendo una dieta estricta en alimentos vegetales, pero sólo si la disponibilidad de estos alimentos permitiera una abundancia y variedad tales como para garantizar el aporte de todos los nutrientes necesarios y en las proporciones requeridas. Estas abundancia y variedad están al alcance de cualquier vegetariana que viva en cualquiera de nuestras ciudades, pero esta circunstancia debía de darse en muy raras ocasiones hace un millón de años. Además, hay que tener en cuenta otras limitaciones como la reducción del aparato digestivo y la especial inmadurez de la cría humana, en comparación con la de una cría de chimpancé que come de todo a las dos semanas de nacer, así como el lento desarrollo de la dentición de nuestra especie. Todo esto obligó a que la alimentación de la cría de homínido requiriera de la ayuda constante de la madre o de la abuela para proporcionar el alimento, posiblemente premasticado y mezclado con la saliva del adulto para facilitar su digestión.

En este sentido, el llanto del niño tuvo una gran importancia en la evolución de nuestra especie: los padres que poseían los genes que los forzaban a responder más amorosamente al desamparo de sus hijos los criarían con más eficacia, asegurando así la propagación de sus propios genes, incluidos los responsables del comportamiento amoroso hacia sus crías.

La regulación de la temperatura corporal

Una cuestión relacionada con este asunto de la energética y el cerebro es el problema de la regulación de la temperatura corporal. Como en cualquier otro sistema mecánico, en nuestro organismo una parte de la energía consumida se disipa en forma de calor y ese calor hay que eliminarlo para mantener constante nuestra temperatura interior.

Cuando nuestros antecesores abandonaron la selva húmeda y umbría y colonizaron la llanura abrasada por el sol, tuvieron que defenderse del calor. El pelaje grueso ya no les era de utilidad y por eso se fueron seleccionando aquellos individuos en los que el pelo era más fino y más ralo. La selección natural llenó la piel de estos homínidos, colonizadores de la sabana, de millones de glándulas que producían sudor, el cual, al evaporarse sobre la piel, enfriaba el cuerpo. En el mundo de los primates no se da nada parecido a la capacidad de sudar del ser humano. En los animales con pelo, el sudor no es tan eficaz como refrigerante. La bipedestación permitía a nuestros antepasados trotar a lo largo de grandes distancias sobre la ardiente sabana, y eso fue posible porque fuimos capaces de mantener fresco el cuerpo mediante el sudor y porque no estábamos cubiertos por una piel gruesa. Otros mamíferos con pelo se refrigeran jadeando, como hacen los perros: sacan al exterior la lengua empapada en saliva y la evaporación de esta saliva es lo que refrigera al animal.

La piel humana y la sudoración evolucionaron a la par. La selección natural favoreció a aquellos individuos que tenían desarrollados estos mecanismos y que por ello estaban capacitados para recorrer largas distancias para cazar o para buscar carroña, manteniendo un trotecillo lento durante largo tiempo sin sucumbir a la hipertermia. Esta capacidad es la que hoy permite a millones de personas en todo el mundo el disfrute de las carreras de fondo en largas distancias, como las maratones.

Es interesante considerar la relación que pudo existir entre la termorregulación y el desarrollo del cerebro a la luz de la llamada «Teoría del radiador» enunciada por D. Falk. Este científico parte de la premisa de que cualquier especie que cambia su postura y modo de locomoción debe desarrollar transformaciones en su sistema circulatorio a causa del efecto que se produce en el flujo y en la presión de la sangre. Nuestro cerebro es muy sensible al aporte de sangre, no sólo porque requiere una provisión continua de combustibles y oxígeno, sino porque necesita refrigerarse a causa de la elevada energía que consume.

La bipedestación y el aumento del tamaño del cerebro tuvieron que ir acompañados de un incremento paralelo de la vascularización cerebral. Y en efecto, los cráneos fósiles muestran que la bipedestación en todos los primeros homínidos se acompañó de modificaciones en el sistema circulatorio. Los cambios vasculares en el cráneo de estos homínidos se insinúan en el comienzo de una red de pequeñas venas, cuyas improntas quedaron grabadas en la cara interna de los cráneos fósiles. Estas redes vasculares son las que en nuestra especie funcionan como un radiador de coche que enfría los cerebros, tan sensibles al calor durante el ejercicio intenso.

Los registros fósiles muestran que hace dos millones de años esta red venosa cerebral comenzó a aumentar drásticamente en el género *Homo*, a la vez que lo hacía el tamaño del cerebro y, por lo tanto, el consumo de energía. De acuerdo con la teoría del radiador, cuando la red de venas refrigerantes comenzó a funcionar con eficacia, el cerebro pudo crecer sin miedo al sobrecalentamiento.

El diseño del *Homo ergaster*

Según hemos visto, cuando nuestra evolución se enfrentó al reto de dotarnos de un cerebro grande y complejo las primeras dificultades que tuvo que superar fueron una serie de adaptaciones en relación con los patrones de alimentación. Estos cambios cualitativos y cuantitativos en la alimentación, que vinieron impuestos por las condiciones de los nichos ecológicos habitados por nuestros antecesores, tuvieron consecuencias importantes para el diseño definitivo de esta poderosa herramienta que es nuestro cerebro. De una parte redujo el tamaño del aparato digestivo, lo que permitió dedicar la energía ahorrada a soportar las demandas crecientes del cerebro en evolución. De otra, favoreció la reducción del aparato masticador y aligeró el tamaño de los huesos mandibulares, lo que proporcionó más espacio en el cráneo para albergar más masa cerebral. Aportó los ácidos grasos poliinsaturados de larga cadena que son componentes fundamentales de las células cerebrales. La importancia de estos ácidos grasos para la evolución del cerebro conduce a la predicción de que una nutrición crónicamente inadecuada en estas grasas puede ocasionar una deficiencia en el desarrollo cerebral tanto para el individuo como para la población en su conjunto.

Para que esto fuera posible y además pudiéramos adaptarnos a comer alimentos de origen animal a causa de la ausencia de vegetales y superar las hambrunas tan frecuentes, la selección natural potenció la insulinorresistencia y la leptinorresistencia, que permitían una máxima eficacia en el procesamiento de los nutrientes y en el almacenamiento de energía en la forma de grasa.

El *Homo ergaster* trotaba por las sabanas a la búsqueda permanente de alimento o para defenderse de los peligros que le acechaban. Ya estaba metabólicamente equipado para disponer de la energía necesaria para mantener un esfuerzo continuado, pero necesitaba regular su temperatura en las calurosas llanuras africanas. Por eso, el diseño que permitía funcionar a nuestro cerebro se completó con el desarrollo de un complejo sistema arterial y venoso que permitía la refrigeración de un órgano que consumía tanta energía.

La alimentación carnívora, fruto de la caza, la pesca y sobre todo el carroñeo, no sólo provocó notables cambios anatómicos, sino que modificó los patrones de comportamiento y redujo el dimorfismo sexual, es decir, equiparó los tamaños del macho y de la hembra.

El éxodo del *Homo ergaster*

El *Homo ergaster*, dotado de un cerebro de casi un litro, capaz de fabricar utensilios para aprovechar las presas que lograba encontrar o capturar, comenzó a abandonar África y a colonizar Asia y Europa. No eran exploradores o aventureros, eran simples nómadas que caminaban al azar siguiendo sus presas, buscando alimento. A veces se aposentaban en una región con abundancia de comida y en otras ocasiones huían con rapidez de catástrofes naturales o inclemencias climáticas. Si consideramos las dimensiones geológicas del tiempo, se puede concluir que es posible llegar a todas partes aunque se camine muy despacio. Por ejemplo, considerando una movilidad mínima, de veinte kilómetros por generación, en sólo veinte mil años, que es un instante en términos evolutivos, algunos individuos *Homo ergaster* podrían haber cubierto la distancia entre Kenia y China. En mucho menos tiempo ya habrían aparecido en Europa y colonizado la península Ibérica.

El abandono del continente africano tuvo una gran importancia en la evolución de la especie humana e implicó cambios radicales en el estilo de vida de los homínidos. Los trópicos ofrecen una seguridad considerable en cuanto a recursos alimentarios, con frutos e insectos disponibles todo el año. Por el contrario, en las zonas templadas, el paso de las estaciones ofrece grandes variaciones en la oferta alimenticia, incluyendo la escasez terrible del invierno.

Así, con la ayuda del tiempo ilimitado, nuestros antepasados se desplazaron más allá del desierto a lugares desconocidos, al frío de los inviernos que nunca habían previsto en una existencia ecuatorial, a nevadas, a vientos terribles, a peligros de todo tipo. Pero el *Homo ergaster* continuó su peregrinación de cientos de miles de años.

Este lento vagar llevó a los descendientes del *Homo ergaster* a colonizar todo el mundo excepto América y Australia, cuyo acceso estaba impedido por miles de kilómetros de océano infranqueable. Durante esos cientos de miles de años de emigración se fueron acumulando diferencias genéticas entre los descendientes del *Homo ergaster*, lo que fue dando lugar a la aparición de nuevas especies. Se han hallado restos de *Homo erectus* en diversas zonas de Asia, también de otras especies como el denominado *Hombre de Pekín*, encontrado en unas cavernas de China, o el *Hombre de Java*, descubierto a las orillas del río Solo, el *Homo heidelbergensis*, cuyos restos fósiles se han localizado en Europa, el *Homo antecessor*, bien caracterizado a través de los numerosos fósiles hallados en la sierra de Atapuerca, y el *Homo sapiens neanderthalensis*. De todas las numerosas especies descendientes de aquellos *Homo ergaster* que abandonaron el continente africano y poblaron el resto del mundo no existe ningún descendiente vivo sobre la superficie de la Tierra; su destino fue la extinción.

Sin embargo, algunos descendientes de los *Homo ergaster* permanecieron en África y allí se desarrollaron de forma independiente. Su cerebro evolucionó en tamaño y en complejidad y dieron lugar a la única especie que puebla hoy la Tierra, los *Homo sapiens sapiens*, es decir, nosotros.

Para saber más

Los problemas relativos a la evolución del cerebro humano se pueden consultar en los textos sobre evolución humana que ya se han citado en otros capítulos. Para este tema en concreto se recomienda:

I. Tarttersall, *Hacia el ser humano*, Península-Atalaya, Barcelona, 1998.
S. Mithen, *Arqueología de la mente*, Crítica, Barcelona, 1998.

Los detalles respecto a la formulación de la hipótesis del «Órgano costoso» se describen en:

L. Aiello y P. Wheeler, «Brains and guts in human and primate evolution: The expensive organ hypothesis», *Current Anthropology*, 36, 1995, pp. 199-221.

L. Aiello y P. Wheeler, «Energetics and the evolution of the genus homo», *Annual Reviews of Anthropology*, 31, 2002, pp. 323-338.
H.L. Fehm, W. Kern y A. Peters. «The selfish brain: competition for energy resources», *Progress in Brain Research*, 153, 2006, pp. 129-140.

Una excelente revisión sobre la grasa infantil y su importancia en la evolución se puede encontrar en:

C. W. Kuzawa, «Adiposse tissue in human infancy and childhood: an evolutionary perspective», *Yearbook of Physical Anthropology*, 41, 1998, pp. 177-209.

Los detalles sobre la importancia del protoocéano del valle del Rift y la dieta en ácidos grasos poliinsaturados, en la evolución del cerebro, pueden hallarse en:

C. L. Broadhurst, S. C. Cunnane y M. A. Crawford, «Rift valley lake fish and shelfish provided brain specific nutrition for eartly homo», *British Journal of Nutrition*, 79, 1998, pp. 3-21.
A. P. Simopoulos, «Overview of evolutionary aspects of 3 fatty acids in the diet», *World Review of Nutrition and Dietetics*, 38, 1998, pp. 1-11.

Una breve explicación de la teoría del radiador para explicar la termorregulación y evolución del cerebro se publicó en:

D. Falk, «Why the brain got bigger», *Newsweek*, septiembre de 1992.

Sobre la hipótesis acuática de la evolución humana recomendamos el libro: E. Morgan, *The Acuatic Ape Hypothesis*, Souvenir Press, Londres, 1997, así como la página de Internet: http://allserv.rug.ac.be/ ~mvaneech/ Morgan.html

Información complementaria respecto a las consecuencias evolutivas de la inmadurez del recién nacido se puede encontrar en:

J. E. Campillo, «Importancia de la menopausia en la evolución humana. La hipótesis de la abuela», en *La edad de la menopausia*, Díaz Santos, Madrid, 2003.
J. E. Campillo, *La cadera de Eva*, Crítica, Barcelona, 2006.

7

Y aparecimos nosotros

Los *Homo sapiens sapiens*

Nuestra especie es muy homogénea: somos muy similares a pesar de lo que pueden inducir a pensar las diferencias en el color de la piel o los rasgos faciales de las diferentes poblaciones. Tanto los datos de la genética como los de la paleoantropología muestran que los seres humanos, como especie, procedemos de un grupo pequeño de antepasados que vivían en África hace unos 400.000 años.

Hemos logrado determinar con precisión nuestros orígenes como especie mediante precisos análisis genéticos; por ejemplo, los estudios llevados a cabo sobre los genes de las mitocondrias pertenecientes a individuos de todas las poblaciones del mundo y de todas las razas. Las mitocondrias son unos orgánulos intracelulares que, al parecer, provienen exclusivamente del óvulo de la madre, ya que el espermatozoide paterno no aporta sus mitocondrias al nuevo ser (quedan en la cola propulsora que se desecha). Por lo tanto, el material genético de las mitocondrias se transmite fielmente de madre a hijo. Estudiando el ADN mitocondrial de miles de personas se ha llegado a formular la llamada «Teoría de la Eva Negra», según la cual todos nosotros, los *Homo sapiens sapiens*, procedemos de una hembra que vivió en algún lugar de África hace unos trescientos mil años. Otros estudios se han realizado mediante el análisis del polimorfismo del cromosoma Y. Este es el llamado cromosoma masculino, que sólo está presente en las células del hombre. El estudio de este cromosoma Y en individuos pertenecientes a diversos grupos de población ha producido resultados similares a los encontrados con los estudios del ADN mitocondrial. Los estudios del material genético del cromosoma Y confirman que la humanidad tuvo un antepasado varón que vivió en África hace unos doscientos mil años. Sería la «Teoría del Adán Negro». Estudios del gen de la hemoglobina ratifican que todas las poblaciones humanas modernas derivan de una población ancestral africana de hace unos doscientos mil años, compuesta por unos seiscientos individuos.

Los hallazgos paleoantropológicos ratifican el origen único y africano de nuestra especie. Se han encontrado algunos fósiles en diversas regiones de África, de características humanas modernas, con una antigüedad de entre trescientos mil y cien mil años. Entre éstos se hallan: el cráneo de Kabwe (en Zambia), de 1.285 centímetros cúbicos; el fósil KNM-ER-3834 del lago Turkana, en Kenia, de casi litro y medio; los fósiles encontrados en los yacimientos de Border Cave y Klassies River Mouth, de África del Sur, y los esqueletos y cráneos encontrados en los enterramientos de la cueva de Qafzeh y del abrigo de Skhul, ambos en Israel y datados en unos cien mil años.

En 1968 se descubrieron en Dordoña el cráneo y el esqueleto de uno de nuestros antepasados, al que se denominó *Hombre de cromañón*. Hoy sabemos que hace unos cuarenta mil años aparecieron en Europa unos inmigrantes de origen africano, que eran los primeros representantes de la especie *Homo sapiens sapiens* que alcanzaban estos territorios. Llegaron con unas armas terribles e innovadoras, conocían el modo de dominar el fuego y poseían una compleja organización social, y, por lo que se refiere a las otras especies de homínidos que habitaban en aquel entonces Europa, concretamente los *Homo sapiens neanderthalensis*, al parecer los eliminaron por completo aunque, según los resultados preliminares de las más modernas investigaciones sobre el genoma de huesos fósiles, pudo haber algunos cruces entre neandertales y cromañones.

El biotipo de los cromañones era longilíneo. Poseían las características de los pobladores de las regiones próximas al ecuador: poco macizos, muy altos y de brazos y piernas largas; sus huesos eran muy livianos por aumento del canal medular, dentro de las diáfisis. Los huesos que formaban las paredes del cráneo eran más finos que los de sus predecesores. Habían sufrido una reducción de la masa muscular. El desarrollo de armas que podían matar a distancia con eficacia y sin requerir gran esfuerzo, como los propulsores, las hondas y, más tarde, el arco y las flechas, hicieron innecesaria una excesiva robustez. En general, eran tan parecidos a nosotros que si un cromañón se pasease, bien aseado y vestido a la moda, por una calle de cualquier ciudad, no llamaría la atención.

Desarrollaron una industria lítica bella y eficaz. Además de los numerosos útiles de piedra, también utilizaban el marfil, el asta y el hueso. Fabricaban armas, objetos de arte, adornos y pinturas. Se expresaban a través de grabados, pinturas, esculturas y adornos. Las maravillosas figuras de animales de las cuevas de Altamira, en España, o de Chauvet, en Francia, se han datado en más de treinta mil años.

En los yacimientos se encuentra abundancia de objetos de adorno personal: collares, cinturones, brazaletes y pulseras. Cuentas hechas de piedra blanda, marfil o huesos, que cosían a las pieles de los vestidos y de los gorros. En 1822, el reverendo William Buckland exhumó en la cueva Paviland de Gales un esqueleto femenino de *Cromañón* recubierto de ocre: la «Dama Roja». Los cromañones utilizaron profusamente el ocre rojizo, al que debían de dar un sentido religioso y de jerarquía. Pintaban de ocre sus cuerpos y vestidos. Posiblemente también lo utilizaban para preparar las pieles.

Cómo sobrevivir en plena glaciación

Nuestros más modernos antecesores salieron de África hace doscientos mil años o menos, ya perfectamente equipados con las características necesarias para resistir cualquier circunstancia adversa. Poseían un cerebro que había alcanzado prácticamente su culminación evolutiva y estaban dotados de unas características metabólicas que les permitirían enfrentarse con éxito a la última gran prueba en nuestra evolución: el sobrevivir a los miles de años de período glacial, de frío extremo.

Diversos fenómenos naturales oceánicos, atmosféricos y astronómicos provocaron hace cien mil años un último e importante enfriamiento de la tierra que duró hasta hace quince mil años. Pero este largo y gélido período se suavizó un poco hace unos treinta y cinco mil años, cuando sucedió lo que se denomina un «interestadial». Durante esta tregua parcial de la glaciación, a lo largo de unos pocos miles de años, los inviernos fueron más tolerables, los valles se abrieron un tanto y permitieron las migraciones. Fue entonces, durante esos miles de años de cierta bonanza climática, cuando nuestros antepasados atravesaron los collados, las sierras y los valles y aparecieron en Europa Occidental.

Una vez transcurrido ese período benigno, el clima volvió a enfriarse, y los hielos, que se habían retirado algo, retornaron con más fuerza y desencadenaron el terrible frío que caracterizó el período glaciar llamado Würm Principal. En el máximo glaciar, que abarcó entre los veintiún mil y diecisiete mil años antes de nuestra era, el clima debió de ser muy rudo en toda Europa. El nivel del mar descendió hasta unos 120 metros con respecto al nivel actual. El canal de la Mancha estaba seco. Sobre Escandinavia, Gran Bretaña e Irlanda se volvió a formar un casquete de hielo de más de un kilómetro de espesor. Existían zonas periglaciares (tundras) donde el suelo estaba permanentemente helado hasta muchos metros de profundidad (permafrost), como hoy puede observarse en ciertas zonas de Siberia. En estas condiciones no puede crecer ningún vegetal excepto musgos, líquenes y algunas hierbas. En verano la temperatura de la superficie supera los 0 ºC, y se deshiela la capa superficial, dando lugar a encharcamientos y zonas pantanosas, ya que las capas profundas heladas se vuelven impermeables. Al sur de las tundras encontramos las taigas, enormes extensiones de terreno cubiertos por inmensos bosques de coníferas. En el borde meridional, junto al mar, abundaban los bosques caducifolios de robles, hayas y encinares, alisos, avellanos, arces o fresnos.

La mayor parte de los últimos cien mil años de nuestra evolución transcurrieron bajo el imperio de la glaciación, donde las temperaturas incluso en el sur de Europa apenas superaban en verano los 0 °C. En estas condiciones climáticas desaparecieron la mayor parte de los vegetales comestibles, o en ciertos valles sólo crecían en los cortos meses de primavera y verano. Durante esos miles de años la única fuente de alimentación fue la carne y la grasa de los herbívoros que pastaban en grandes manadas por las tundras heladas de Europa. La alimentación de nuestros ancestros en esa época debía de ser muy similar a la que soportaban hasta hace pocos años algunas poblaciones esquimales.

Nuestros antepasados eran auténticos deportistas, con una gran capacidad física. Los cazadores recolectores de la actualidad tienen capacidades máximas de consumo de oxígeno (VO^2 máx. de 52,2 ml/kg/min), es decir, valores muy superiores de capacidad física respecto a la que presentan los habitantes de una gran urbe industrial (VO^2 máx. de 37,5 ml/kg/min). Eran más musculosos, como se ha calculado por estimaciones del tamaño de las apófisis y zonas de inserción de los músculos en los huesos. Se calcula que se ha producido un 17 por 100 de reducción en la fuerza muscular desde los cromañones hasta nosotros.

La clave para sobrevivir en el frío

Nuestros antepasados pudieron superar esta última etapa de la evolución, posiblemente la más dura de todas las precedentes, porque sus organismos ya estaban equipados con las ventajas mentales, fisiológicas y bioquímicas necesarias para lograrlo. Uno de los elementos fundamentales que permitieron esta supervivencia fue el genotipo ahorrador y su componente fundamental, la insulinorresistencia, que se había afianzado en el genoma de nuestros antecesores a lo largo de los últimos dos millones de años de evolución.

Durante los miles de años de glaciación extrema, cuando los alimentos posibles eran sólo la carne y la grasa de los animales, la alimentación era muy pobre en hidratos de carbono. Los únicos azúcares que ingerían aquellos individuos procedían del glucógeno del hígado de sus presas, de algunas bayas, de raíces y de los vegetales a medio digerir que extraían de las panzas de los herbívoros que cazaban (esto lo hacen los esquimales hoy día como única forma de proporcionarse algo de fibra y de vegetales). La dieta era hiperproteica y se ha calculado que ingerían más del doble de las recomendaciones mínimas actuales, es decir, en torno al 40 por 100 de las kilocalorías totales. Hay que tener en cuenta que los esquimales ingieren casi el 50 por 100 de las calorías en forma de proteínas. Un porcentaje similar de proteínas ingieren los aborígenes australianos que habitan los desiertos del centro de Australia. La cantidad de lípidos ingeridos no debía de ser muy elevada debido a la escasez de grasa en los animales salvajes. El contenido en grasa de los herbívoros silvestres es de un 4 por 100 del peso corporal, muy inferior al valor de 25 a 30 por 100 medido en ganado doméstico. Una cuestión de gran interés es la composición de la grasa de los animales que se alimentan de forma silvestre y de aquellos que se crían artificialmente con piensos. Nosotros hemos estudiado estas diferencias en el cerdo ibérico (*Sus scrofa mediterraneus*) que se cría en las dehesas de Extremadura en condiciones de libertad (montanera) comiendo bellotas, hierba y cualquier alimento que encuentra por sí mismo, sin que el Consejo Regulador permita ningún tipo de alimentación artificial. Estos animales así criados como debían de vivir en su estado salvaje hace miles de años, contienen una proporción de ácidos grasos insaturados (60 por 100) y de ácidos grasos poliinsaturados (10 por 100) mucho mayor que en los animales criados artificialmente.

Ya hemos visto que el único mecanismo que permite sobrevivir a una dieta hiperproteica, con algo de grasa y carente de hidratos de carbono, es la insulinorresistencia. Esta situación permite ahorrar la poca glucosa disponible y reservarla para su consumo por el cerebro y, por otra parte, el exceso de insulina circulante (recordemos que la hiperinsulinemia es la consecuencia asociada a la insulinorresistencia) favorece la acumulación rápida de la grasa ingerida en el tejido adiposo. La acumulación de grasa se vería potenciada, además, por la leptinorresistencia, como ya sabemos.

Nuestros antepasados se beneficiaron de poseer estas características metabólicas y la presión de selección natural para este genotipo se intensificó durante los milenios de glaciación, de tal forma que cuando hace 15.000 años terminó la pesadilla helada, gran parte de los individuos supervivientes debían de ser portadores del genotipo ahorrador, de la insulinorresistencia y de la leptinorresistencia.

La importancia de la maternidad

El cerebro de los seres humanos, debido a su enorme complejidad estructural y funcional, exige unos requerimientos energéticos cuantiosos para su crecimiento y desarrollo, desde que comienza a formarse el embrión. Los nutrientes precisos para el desarrollo del cerebro siempre los proporciona la madre, ya sea a través de la placenta, durante el desarrollo intrauterino o mediante la lactancia, durante la infancia. A lo largo de la evolución fueron apareciendo diversas soluciones para garantizar ese aporte energético y permitir un desarrollo óptimo del cerebro en el nuevo individuo, aún en las situaciones ambientales más comprometidas (hambrunas).

A principios de los años setenta del siglo pasado se produjo un hallazgo casual que tuvo un gran impacto en la ciencia médica. Unos epidemiólogos ingleses encontraron unas viejas historias clínicas ginecológicas, de nacimientos ocurridos entre 1911 y 1930 en Herfordshire (Inglaterra). Lo sorprendente de estas historias clínicas estriba en que en ellas se habían anotado las medidas cuidadosas del peso de los recién nacidos en el momento de nacer y tras el primer año de vida, parámetros que en la época no solían considerarse y mucho menos anotarse. Eran los datos de un estudio frustrado que habían quedado olvidados en algún armario del hospital. Decidieron ver qué es lo que había ocurrido con aquellos niños cincuenta años después. Indagaron por todo el Reino Unido y constataron que unos vivían y otros habían muerto por causas diversas. Cuando enfrentaron estadísticamente los datos de la causa del fallecimiento con los datos obstétricos de su nacimiento, advirtieron que los que habían muerto de infarto de miocardio, hipertensión o diabetes eran los que habían tenido el menor peso al nacer y, sobre todo, si su bajo peso había continuado durante el primer año de vida.

Numerosos estudios posteriores, y los que aún continúan, han permitido confirmar una de las observaciones clínicas más intrigantes, realizadas en los últimos años: la estrecha asociación que existe entre el bajo peso al nacer y el desarrollo de insulinorresistencia en la edad adulta y de su mortal acompañamiento con hipertensión, diabetes, obesidad e infarto de miocardio. Es decir, que el nacer con bajo peso, y sobre todo si se mantiene esta circunstancia durante el primer año de vida, es una garantía para padecer Síndrome Metabólico y todas las enfermedades que lo conforman en la edad adulta. Para muchos lectores, puede resultar sorprendente que la principal causa de muerte por enfermedad cardiovascular en la edad adulta sea el haber tenido un bajo peso al nacer; pero hoy es un hecho bien contrastado mediante numerosos estudios. Una prueba de este fenómeno es la paradoja que se da en España, y en otros países, de que las mayores tasas de mortalidad cadiovascular se den actualmente, en las regiones tradicionalmente menos desarrolladas. La explicación es que fue en ellas donde hace sesenta años se dieron las mayores tasas de malnutrición materna. Ahora aquellos hijos han alcanzado la edad de padecer las consecuencias cardiovasculares de su bajo peso al nacer.

¿Qué relación tiene con nuestra evolución este interesante hallazgo clínico? ¿Qué consecuencias podemos sacar para nuestra salud? Vamos a analizar la importancia que tuvo en nuestra evolución la alimentación durante los períodos críticos del embarazo y de la lactancia.

La capacidad de reproducción se compromete mucho en una dieta carente en hidratos de carbono. Durante el embarazo se produce una demanda extra de glucosa porque el feto y la placenta utilizan sólo glucosa para su metabolismo y el azúcar se precisa también para la síntesis de glucoproteínas y glucolípidos, moléculas muy necesarias para el desarrollo fetal. La unidad materno fetal utiliza más hidratos de carbono que lípidos como combustible. Puesto que los últimos dos millones de años de nuestra evolución han transcurrido en condiciones de una dieta muy baja en hidratos de carbono y muy rica en proteínas, se tuvieron que establecer las adaptaciones metabólicas necesarias para permitir el desarrollo normal de la preñez en nuestras antepasadas, en especial durante los últimos miles de años vividos en pleno período glaciar, cuando apenas había posibilidad de conseguir alimentos ricos en carbohidratos.

El truco encontrado por la selección natural fue potenciar la insulinorresistencia durante la preñez. Todas las mujeres embarazadas incrementan fisiológica y transitoriamente su resistencia a la acción de la insulina a lo largo del embarazo. E incluso algunas mujeres pueden llegar a padecer un tipo especial de diabetes transitoria que se denomina «diabetes gestacional». Con esta insulinorresistencia fisiológica se reduce el consumo de glucosa en el músculo y en el hígado de la madre y se reserva el azúcar para los tejidos del feto, incluido el cerebro en crecimiento, y para la placenta.

La reproducción humana estaría muy comprometida en mujeres con una gran sensibilidad a la acción de la insulina, ya que se desperdiciaría una elevada proporción de la preciada glucosa en tejidos, como el músculo, que puede recurrir a otros combustibles como son los ácidos grasos. Una gran sensibilidad a la insulina ocasionaría una incapacidad de adaptación del organismo de la madre a las demandas extras de glucosa durante la reproducción. Y, por supuesto, en esas condiciones de gran sensibilidad a la insulina la reproducción sería imposible con una dieta pobre en hidratos de carbono. Por ello, las dietas bajas en hidratos de carbono que tuvieron que soportar nuestros antecesores durante los últimos millones de años de evolución, habrían seleccionado a las mujeres capaces de desarrollar insulinorresistencia, es decir, orientar su metabolismo para conservar la glucosa necesaria para la supervivencia y el desarrollo adecuado del feto y para la producción de leche.

Debemos recordar que lo mismo sucede respecto a la demanda de glucosa durante la lactancia. La leche materna contiene entre otros nutrientes el azúcar lactosa, que tiene que fabricar la mujer lactante en sus propias glándulas mamarias a partir de glucosa. Así, aquellas hembras de homínidos que presentaban también insulinorresistencia durante el período de lactancia ahorrarían mucha glucosa para utilizarla en la formación de la leche.

El protagonismo del feto

¿Cuál es el papel que juega el propio feto en este proceso? Es muy importante. El embrión, cuando completa cierto grado de desarrollo intrauterino, ya tiene prácticamente todos los tejidos y órganos funcionando. La secreción de insulina del páncreas del propio feto es uno de los determinantes claves del crecimiento fetal, sobre todo durante el tercer trimestre de embarazo, que es cuando aumenta mucho el tamaño del feto. El feto obtiene su aporte de combustible exclusivamente a partir de la glucosa que le proporciona la madre a través de la placenta. Debe transformar todo este azúcar que le llega por el cordón umbilical en componentes de su organismo en crecimiento y, sobre todo, dotarse de una abundante capa de grasa. En este proceso se pueden dar dos circunstancias, que vamos a analizar.

Si el aporte de glucosa y demás nutrientes al feto es suficiente, el feto secreta su insulina, que actúa normalmente a través de los receptores para fomentar el uso de esa glucosa para el metabolismo de las células y para convertirla en grasa y crear esos depósitos de grasa que son tan importantes para su desarrollo. Nacerá un niño con un peso normal en torno a tres kilos y medio y una buena provisión de grasa.

Pero si ocurre una deficiencia en el aporte de glucosa y otros nutrientes desde la madre, el feto debe preservar esa poca glucosa que le llega, no puede malgastarla en quemarla en células que pueden utilizar otro tipo de combustible. El mecanismo que utiliza el feto para desarrollarse en esas condiciones de penuria de glucosa es la insulinorresistencia. Al dificultarse la actuación de la insulina sobre sus receptores se restringe la utilización de la glucosa en aquellos procesos no indispensables y se reserva el azúcar para el desarrollo del cerebro y, si sobra, para su transformación en grasa. El feto desnutrido crea resistencia a la insulina, sobre todo en el músculo; en cierta forma se sacrifica el crecimiento muscular en aras de permitir el desarrollo normal del cerebro. Al final de la gestación de este feto desnutrido, gran parte de la sangre oxigenada sale del tronco para mantener bien oxigenado al cerebro. Esta adaptación perjudica el crecimiento del hígado y de otros órganos abdominales; por ello estos neonatos presentan un reducido perímetro abdominal al nacer y una alteración de la función hepática. Los niños muy desnutridos nacen con bajo peso porque no han tenido suficiente glucosa para formar la necesaria reserva grasa y nacen, además, con insulinorresistencia.

No se conoce el mecanismo por el cual el feto desnutrido desarrolla esta insulinorresistencia, que permite su supervivencia pero que tan funestas consecuencias tiene en la edad adulta. Una teoría, denominada «Hipótesis del fenotipo ahorrador», formulada en 1992 por C. N. Hales y denominada así por deliberado contraste con el «genotipo ahorrador» de Neel, propone que la insulinorresistencia deriva de los cambios ocurridos en el metabolismo del feto a causa de las influencias ambientales. Se trataría de mecanismos epigenéticos, de los que ya hemos hablado, y que permiten que ciertas influencias ambientales puedan controlar la expresión de determinados genes (aumentándola o disminuyéndola). En este caso la desnutrición que padecería la madre influenciaría en la expresión de los genes del feto y se pondrían en marcha los mecanismos precisos para superar las dificultades metabólicas con un mínimo daño cerebral. Estos cambios en la expresión genética serían permanentes y, por ello, persistirían a lo largo de toda la vida del individuo.

Otra hipótesis adjudica el protagonismo a los genes del feto que se activan por las malas condiciones nutricionales. Es decir, sólo aquellos fetos dotados de los genes de insulinorresistencia sobrevivirían a las condiciones de déficit de hidratos de carbono, de un entorno intrauterino de malnutrición; aquellos fetos carentes de estos genes no sobrevivirían. Posiblemente, como sucede casi siempre, lo cierto sea una combinación de ambos mecanismos.

Así, a lo largo de nuestra evolución, en las épocas de mayor penuria de hidratos de carbono se seleccionarían aquellos fetos que ante situaciones de bajo aporte de glucosa activarían sus genes de insulinorresistencia. Sobrevivirían, se reproducirían de adultos y transmitirían a sus descendientes esas características genéticas. El que estos cambios fetales persistan en la vida adulta se debe a que en la naturaleza las hambrunas suelen durar ciclos de varios años, exceden el breve lapso de un embarazo. Así las crías de nuestros ancestros sobrevivían a la hambruna activando la insulinorresistencia durante su desarrollo fetal, y luego esta misma insulinorresistencia proporcionaría una ventaja de supervivencia en el resto de años de hambruna extrauterina, que seguramente tendrían que soportar. El problema surge, como siempre, cuando un niño, que nace con un diseño para sobrevivir a la escasez, vive en la abundancia. El resultado es el Síndrome Metabólico y la enfermedad cardiovascular. Una consecuencia práctica: si usted nació con un bajo peso al nacer debe extremar su cuidado en llevar una vida saludable, con una alimentación sana, evitando la obesidad y el sedentarismo, ya que le han correspondido más números en la lotería de la enfermedad cardiovascular.

La hambruna como anticonceptivo

Lo que acabamos de comentar resalta la enorme importancia que tiene una alimentación adecuada durante el embarazo y la lactancia para lograr un desarrollo normal intrauterino del feto y un crecimiento y desarrollo eficaz del niño durante los primeros meses de vida. Esto no sólo es importante en la especie humana, sino que también lo es en el resto de mamíferos; puede que en nuestra especie la situación sea más crítica a causa de la complicación añadida que supone el desarrollo de nuestro enorme cerebro y la gran cantidad de energía y de glucosa que se precisa para ello.

La reproducción es una función que sólo tiene trascendencia para la supervivencia de la especie. Los procesos de reproducción son energéticamente costosos e innecesarios para la supervivencia inmediata del propio individuo. Cuando la comida es abundante y los requerimientos energéticos son bajos, la energía sobrante está disponible para todos los procesos fisiológicos vitales, entre ellos la reproducción. Cuando la disponibilidad energética está limitada por la deficiencia de ingestión de alimentos o por un exceso del gasto, los mecanismos que distribuyen el uso de la energía favorecen sólo los procesos que aseguran la supervivencia del individuo, y la reproducción no está entre ellos.

Hay por ello una norma casi general entre los mamíferos, que es la estrategia de reducir la tasa de reproducción en condiciones de escasez de alimentos. Así se evita malgastar energía en una empresa de futuro, con muy pocas posibilidades de éxito. Esto lo conocen bien los ganaderos, que saben que sus ovejas o sus vacas se reproducen mejor si llueve y hay hierba abundante, y peor cuando le falta el alimento al ganado. La selección natural dotó a nuestra especie de los mecanismos necesarios para controlar la reproducción cuando se producen penurias alimenticias o se dan situaciones de peligro o de catástrofe.

¿Y por qué el mecanismo de ajuste de la tasa reproductora con relación a la disponibilidad de alimentos se encuentra en el organismo de la hembra de la especie? Es una cuestión de gasto energético. En la reproducción de los homínidos, aunque el macho y la hembra aportan cada uno la mitad del material genético, no invierten la misma cantidad de energía en el proceso reproductor. En términos energéticos, la reproducción sólo cuesta al macho un poco de esperma y el gasto energético por el ejercicio físico empleado en el cortejo y el apareamiento. La hembra, por el contrario, invierte una gran cantidad de energía en desarrollar a la cría en su útero a lo largo de varios meses, luego lactarlo durante más de un año y además cuidarlo durante una larga infancia muy dependiente de la madre. El macho no precisa de un gran aporte de nutrientes para fecundar a una hembra. Sin embargo, la hembra precisa la garantía de una alimentación de buena calidad, durante muchos meses después de la fecundación, para lograr el éxito reproductor.

Es un hecho bien conocido que cuando en una mujer disminuye el porcentaje de grasa corporal por debajo de cierto límite (por debajo del 10 por 100 de su peso), es decir, que presenta un adelgazamiento extremo, se produce una inhibición de la ovulación y una amenorrea (ausencia de la menstruación). Esto se puede dar en situaciones fisiológicas frecuentes, como ocurre en aquellas deportistas de élite que deben reducir su masa grasa a un mínimo, por ejemplo las corredoras de fondo o las gimnastas. También se observa en aquellas mujeres que pierden mucho peso por enfermedad y, desgraciadamente, es una constatación cada vez más frecuente en las niñas que pierden peso cuando no comen nada a causa de la anorexia nerviosa.

En todas estas situaciones se produce un descenso de la cantidad de grasa acumulada en el cuerpo. En la evolución de nuestra especie, cuando en el organismo de una hembra se producía un descenso del contenido de grasa esto sólo podía indicar que se estaba pasando una época de hambruna. Hoy, como consecuencia de los mecanismos desarrollados por la evolución, el organismo interpreta que si falta grasa es que se dan condiciones malas de alimentación, por lo que obra en consecuencia. Una de las prioridades es inhibir la reproducción en esa hembra que se encuentra en una situación metabólica comprometida.

Hace años se proponía la «Teoría Lipostática» para explicar estos fenómenos: la ingestión de comida y la reproducción estarían controladas por un hipotético monitor del contenido en grasa corporal. Cuando la reserva de grasa desciende por debajo de un determinado límite, lo detecta ese monitor, el cual estimula el hambre, lo que permite que aumente la ingestión de alimentos y a la vez inhibe la reproducción hasta que el peso graso se recupere. Desde hace unos pocos años conocemos cuál es el mecanismo por el que sucede esta adaptación. Una de las claves, además de la propia insulina y de otros factores, es la hormona que se produce en las células del tejido adiposo: la leptina, que ya conocemos. Básica y muy esquemáticamente vamos a considerar cómo deberían de suceder las cosas en una hipotética antecesora que se vio por circunstancias climáticas sometida a un ayuno prolongado.

Un frío intensísimo impidió a los miembros del clan abandonar el refugio durante semanas y salir a cazar. Sin nada que comer, consumieron todas sus reservas de grasa y su tejido adiposo se redujo de tamaño. Cuando las células adiposas pierden grasa dejan de liberar la hormona leptina (que es el pilotito rojo que indica que el depósito de combustible está vacío). La disminución de la leptina es captada por el cerebro y activa el hipotálamo, que es la zona que, entre otras funciones, controla el hambre y la tasa de gasta metabólico. En ausencia de leptina, el hipotálamo desencadena la sensación de hambre (¡hay que llenar los depósitos vacíos!) y reduce el gasto metabólico. Pero estos homínidos muertos de hambre, casi sin fuerzas, seguían sin poder abandonar su refugio a causa de los fuertes vientos y las temperaturas de frío extremo. Si la situación de hambruna persiste, además de estimular aún más el hambre, el hipotálamo, a través de mecanismos bien conocidos hoy, reduce la secreción de las hormonas gonadotrofinas LH y FSH que son las encargadas de controlar la función de las gonadas. El descenso de estas hormonas provoca un freno de la actividad del ovario y se

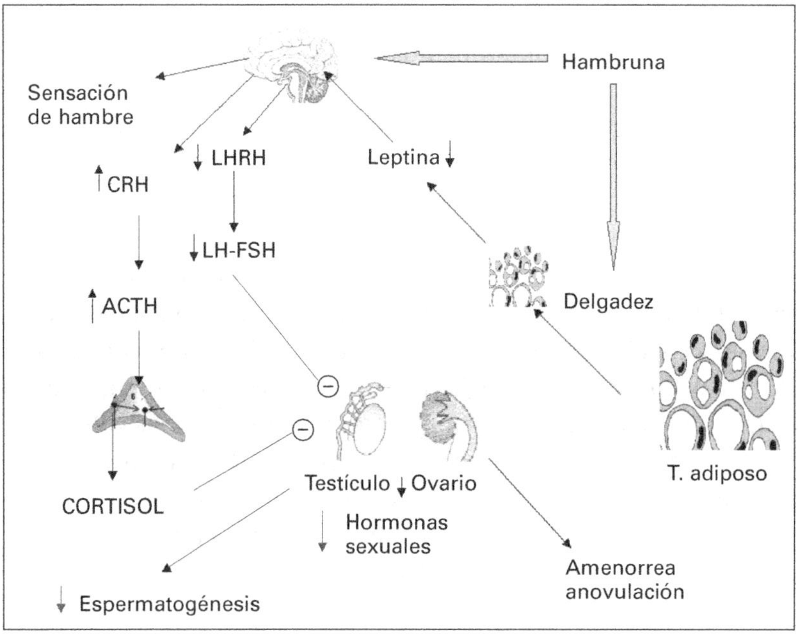

FIGURA 7.1. Masa grasa y control de la fertilidad

La escasez persistente de alimentos ocasiona una reducción de las reservas de grasa y adelgazamiento. Al vaciarse los adipocitos se reducen de volumen y dejan de fabricar y secretar la leptina. Los núcleos hipotalámicos detectan este descenso de la leptina y desencadenan la sensación de hambre para intentar forzar al individuo a que busque comida. Si la situación persiste y el porcentaje de grasa corporal desciende por debajo de unos límites, la leptina (a través del hipotálamo) estimula la producción de CRH, una señal hormonal que pone en marcha la secreción de hormonas de estrés, en especial el cortisol. Por otra parte, se inhibe la producción de las gonadotrofinas (LH y FSH), que son las hormonas que controlan el funcionamiento de las gónadas y la secreción de las hormonas sexuales. El resultado final es un freno gonadal, que en el macho se traduce en una reducción de la producción de espermatozoides sin llegar a la esterilidad. En la mujer, las consecuencias son más drásticas, con amenorrea, anovulación y esterilidad.

producen la amenorrea y la anovulación, lo que ocasiona la esterilidad de esa hembra.

Cuando se aplacó ese frío tan intenso y salieron a cazar, atraparon un reno y se lo llevaron al refugio y durante una semana se atracaron con su carne y con su grasa. Esa hembra famélica comezó a rellenar rápidamente sus depósitos de grasa (a lo que contribuye la insulinorresistencia, como ya vimos) y al crecer el tamaño de sus células grasas, se estimuló la secreción de leptina (se apaga el pilotito al volverse a llenar el depósito de combustible), que llegaba al hipotálamo y allí, normalmente, debería inhibir el hambre. En el caso de leptinorresistencia, el hambre no se aplaca tan fácilmente y ello permitía que los homínidos siguieran comiendo hasta abarrotar sus adipocitos con la grasa acumulada. Pero bajo la influencia de la leptina, el hipotálamo volvía a activar la secreción hipofisaria de gonadotrofinas LH y FSH y estas hormonas activarían de nuevo el ciclo ovárico y la hembra volvía a ser fértil.

Este asunto de la grasa de la hembra y la supervivencia de la tribu de antecesores tuvo gran importancia. Es un hecho bien estudiado que numerosas estatuillas paleolíticas de diosas de la fertilidad, datadas en más de 35.000 años de antigüedad representen siluetas de mujeres voluminosas, con redondeces y gorduras muy evidentes. Por aquellos años, la fertilidad se representaba por la obesidad.

La importancia del arte culinario

No se sabe bien cuándo se domesticó el fuego hasta el punto de poder utilizarlo para el cocinado de los alimentos. La existencia de hogares permanentes y el dominio del fuego parece ser una conquista del *Homo sapiens sapiens*, hace como mucho 400.000 años. Los fósiles más antiguos que sugieren el uso culinario del fuego se encontraron en el yacimiento de Terra Amata, en la costa francesa mediterránea datado en 300.000 años de antigüedad. Se han encontrado coprolitos (heces fósiles) que contienen granos de arena, carbón vegetal y fragmentos de conchas y moluscos. La arena y las conchas eran de esperar, ya que el yacimiento está frente a la playa y los restos de carbón sugieren que la comida se cocinaba antes de consumir. Posiblemente echaban las conchas cerradas entre las cenizas. También se han encontrado restos de hogares y de moluscos, crustáceos y pescado, con signos de haber sido cocinados, en cuevas de la costa sur de Sudáfrica. Los restos han sido datados con precisión en 130.000 años de antigüedad.

Puede que en un principio se usara el fuego casual, producido por un rayo, y lo conservaran encendido aunque no supieran producirlo. Posiblemente sólo se usaba como protección contra el relente de las noches de invierno y para defenderse de las fieras. Puede que el cocinado de los primeros alimentos fuera casual; por ejemplo, cuando recorrieran los campos abrasados por un incendio reciente y encontraran entre las cenizas los cadáveres chamuscados de animales diversos. Al probar esta carne descubrirían que era más blanda y más fácil de cortar y de masticar con sus maltrechas dentaduras. En cualquier caso, la cocina se circunscribía en sus inicios al asado de los alimentos, ya que la técnica del hervido, en agua o en aceite (fritura), requería recipientes elaborados especialmente para resistir el fuego y éstos no llegarían hasta mucho tiempo después, hace apenas unos 7.000 años. Posiblemente los cromañones utilizaron el humo de sus fogatas en sus refugios para ahumar los restos de carne y permitir que duraran más tiempo sin corromperse.

El dominio del fuego y su utilización para el cocinado de los alimentos pudo contribuir a una mayor encefalización, ya que permitió reducir, aún más, el tamaño del aparato digestivo. Algunos autores atribuyen el crecimiento final del volumen cerebral que desembocó en nuestra especie (el *Homo sapiens sapiens*) a esta incorporación a nuestra evolución. El cocinado de los alimentos, aunque en las formas elementales en las que debían de utilizar esta técnica nuestros antecesores hace 300.000 años, producía importantes modificaciones en la alimentación. El cocinado neutraliza muchas toxinas, como sucede con las legumbres o con algunas féculas y farináceos como por ejemplo la mandioca, la yuca o el ñame, lo que permite disponer de nuevas fuentes de nutrientes. Los alimentos cocinados aumentan su digestibilidad y hacen que la alimentación sea de mayor calidad nutricional, ya que se requiere menos trabajo digestivo para extraer los nutrientes y la energía de los alimentos cocinados. El cocinado de los alimentos es realmente una forma tecnológica que permite que parte del proceso digestivo se realice fuera del cuerpo, hace que la digestión sea metabólicamente más barata y que se precise un aparato digestivo de menor tamaño.

El diseño del *Homo sapiens*

Y de esta forma nuestros antepasados llegaron a una época muy reciente, el final de la última glaciación, hace apenas quince mil años. Nuestros antepasados acumulaban en sus organismos los logros de millones de años de evolución. Habían conseguido superar todas las enormes dificultades a las que se tuvieron que enfrentar. Muchas otras especies se habían quedado por el camino, incapaces de encontrar el modo de adaptarse a las nuevas condiciones ambientales, cada vez más difíciles. Pero unos homínidos que permanecieron en África lo lograron a base de adaptar su metabolismo para soportarlo casi todo: el calor abrasador, la alimentación pobre en hidratos de carbono, el problema de parir una cría con un cráneo enorme y muy desvalida que necesitaba cuidados continuos, el soportar fríos terribles durante miles de años y el desarrollar un cerebro, una estructura única, de gran complejidad y eficacia.

La alimentación de estos antepasados directos era muy abundante en proteínas de origen animal, y escasa en hidratos de carbono y en grasa. Las presas que cazaban eran poco grasas y su naturaleza silvestre hacía que su grasa fuera abundante en ácidos grasos insaturados. Esta alimentación también era pobre en sodio y rica en fibra, ya que los pocos vegetales que ingerían eran ricos en hidratos de carbono lentos, y se complementaba con abundantes alimentos obtenidos de los lagos o del mar.

Debido a que nuestros primeros ancestros, los *Ardipithecus ramidus*, vivieron durante millones de años en bosques y entornos de abundancia de hidratos de carbono, el feto, la placenta y el cerebro evolucionaron en una dependencia casi exclusiva de la glucosa

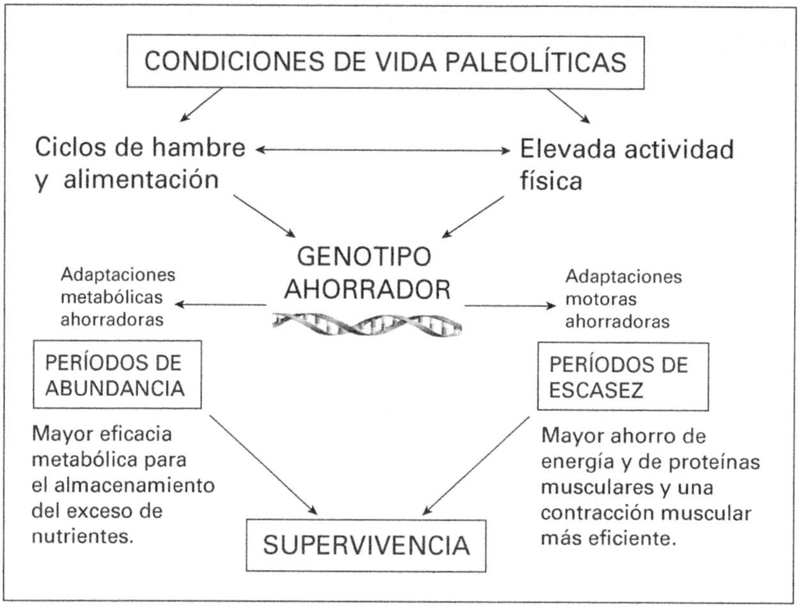

FIGURA 7.2. El diseño metabólico de los cromañones

Las condiciones de vida del Paleolítico exigían un gran esfuerzo para conseguir alimento, el cual no era siempre accesible. Se alternaban breves períodos de abundancia con largas hambrunas. La supervivencia fue posible porque nuestros ancestros llegaban provistos de un genotipo ahorrador, que les permitía adaptaciones metabólicas y motoras provechosas. En las breves ocasiones en que había comida abundante, tenían una gran eficiencia para acumular grandes reservas de energía en forma de grasa. En períodos de escasez, las adaptaciones motoras les permitían moverse para buscar alimento, aun con un gran déficit energético, y les facultaba para ahorrar las pocas reservas que les iban quedando.

como combustible. Por eso cualquier alteración de la alimentación durante el embarazo puede producir graves problemas. La programación embrionaria es un proceso bien documentado en animales por el cual la desnutrición y otras influencias adversas, al actuar durante los primeros períodos de la vida, cambian permanentemente la estructura y la función de todo el organismo. Si la preñada está desnutrida, su recién nacido mostrará cambios fisiológicos y bioquímicos permanentes que son adaptativos y capacitan al feto para sobrevivir y crecer, aun a costa de efectos indeseables a largo plazo; estas adaptaciones alteran permanentemente la fisiología y el metabolismo de tal forma que conducen al Síndrome Metabólico y a la enfermedad cardiovascular en la vida adulta.

Para saber más

Puede hallarse más información sobre la importancia de la energía materna en el desarrollo del cerebro de su cría en los siguientes artículos:

R. D. Martin, «Capacidad cerebral y evolución humana», *Investigación y Ciencia*, diciembre de 1994.

R. D. Martin, «Scaling of the mammalian brain: the maternal energy hypothesis», *News in Physiological Sciences*, 11, 1996, pp. 149-156.

Para profundizar en la hipótesis del fenotipo ahorrador y las consecuencias de la desnutrición fetal en la edad adulta véase:

C. N. Hales, D. J. P. Barker, «Type 2 (non insulin dependent) diabetes mellitus: the thrifty phenotype hypothesis», *Diabetologia*, 35, 1992, pp. 595-601.

D. I. W. Phillips, «Insulin resistance as a programmed response to fetal undernutrition», *Diabetologia*, 39, 1996, pp. 1.119-1.122.

A. T. Hasttersley y J. E. Jooke, «The fetal insulin hypothesis: an alternative explanation of the association of low birth weight with diabetes and vascular disease», *The Lancet*, 353, 1999, pp. 1.789-1.792.

M. V. Marcos, «Bajo peso al nacimiento y síndrome metabólico», *Endocrinología y Nutrición*, 49, 2002, pp. 285-288.

J.C. Wells. « The thrifty phenotype as an adaptive maternal effect». *Biology Reviews Cambridge Philosophy Society*, 82, 2007, pp. 143-172.

Una excelente y completa revisión sobre los mecanismos que controlan la reproducción en relación con el estado nutricional es el trabajo:

J. E. Schneider, D. Zhou y R. H. Blum, «Leptin and metabolic control of reproduction», *Hormonal Behaviour*, 37, 2000, pp. 306-326.

Sobre la actividad física realizada por nuestros ancestros, véase:

J. D. Chen, «Evolutionary aspects of exercise. World Review Nutrition and Diet», *Bases*, Kager, 84, 1999, pp. 106-117.

Los detalles de nuestros estudios sobre las características de la grasa de la carne cuando el animal se cría en condiciones naturales se pueden consultar en:

J. E. Campillo y R. de Arcos, «Valor nutritivo de la carne. La carne en la dieta humana», en *Enciclopedia de la carne y los productos cárnicos*, Martín Macías, Plasencia, 2001.

8

El retorno al Edén

El regreso al paraíso alimentario

Tras el pico de frío intenso de la glaciación que ocurrió hace unos veinte mil años, la temperatura del planeta comenzó a ascender lentamente, con amplias oscilaciones: a unos siglos de temperaturas más benignas, les seguían otros siglos más fríos; pero las condiciones iban siendo cada vez menos severas. Hace unos quince mil años se fundieron definitivamente los hielos que habían sepultado Europa durante milenios, y terminó la glaciación.

Los supervivientes a esos miles de años de frío y penalidades exhibían ya todas las cualidades cerebrales y fisiológicas que poseemos nosotros hoy en día. Quince mil años son muy pocos para que la selección natural modifique las características esenciales de un organismo: según los genetistas, sólo un 0,005 por 100 de nuestro genoma ha cambiado en ese corto período de tiempo. Estos antepasados ya disponían de fuego permanente, lo que les proporcionó seguridad y amplió notablemente sus posibilidades de alimentación. Poseían armas eficaces capaces de matar a distancia y utensilios variados con los que podían realizar todas las tareas imprescindibles para llevar una vida más cómoda. En algunos yacimientos, de más de diez mil años de antigüedad, se han encontrado abundantes agujas y punzones hechos de hueso con los que confeccionaban vestidos de pieles para abrigarse. También fabricaban toscas vasijas y recipientes para cocinar y para almacenar el agua y los alimentos. Construían cabañas revestidas de pieles sobre un armazón de huesos de mamut en las que mantenían hogares permanentemente encendidos para calentarse, para cocinar o para protegerse. Todo ello les proporcionó la suficiente tranquilidad y la seguridad de espíritu necesarias para distraerse en generar pensamientos abstractos y les permitió el desarrollo de la imaginación y del arte.

Pero esta cultura incipiente, junto a la bonanza climática, les permitió dedicarse a su interés favorito: el procurarse alimento. Es como si esos millones de años de evolución en condiciones de precariedad alimenticia tan extrema, por uno u otro motivo, hubieran dejado una impronta genética que llevara a nuestros ancestros a buscar desesperadamente la forma de asegurarse el sustento.

Durante los primeros milenios de bonanza climática tras el fin de la glaciación nuestros antepasados se repartieron por todo el mundo constituyendo clanes de pequeño tamaño de cazadores recolectores, con mucha movilidad. Podemos imaginar cómo era su forma de vida por analogía con lo que ocurre en algunas tribus que aún hoy continúan viviendo exclusivamente de la caza y de la recolección, sin conocer la agricultura ni la ganadería. Diversos estudios etnográficos sobre estas poblaciones primitivas actuales sugieren que la alimentación de estos habitantes de los primeros milenios posterior a la glaciación se caracterizaba por la diversidad de alimentos y la gran variedad de fuentes de nutrientes. Una de las poblaciones estudiadas, que sigue estando compuesta por cazadores y recolectores y que no ha desarrollado la agricultura y la ganadería de forma sistemática es la de los Aché, una tribu de las selvas del Paraguay cuyos componentes han establecido recientemente contacto con la civilización y continúan alimentándose como hace cientos de miles de años. En ellos, los alimentos de origen animal representan más del 80 por 100 de la dieta que se complementa con algunos hidratos de carbono aportados por la miel, algunas frutas y por raíces.

Es decir, a pesar de la bonanza climática que siguió a la glaciación, nuestros antecesores debían de seguir prefiriendo los alimentos animales y en mucha menor proporción consumían alimentos vegetales. Diversos estudios cuantitativos realizados en más de doscientas poblaciones de cazadores recolectores por todo el mundo han demostrado que en la mayoría (61 por 100) de estos grupos las plantas representan el 35 por 100, o menos, de los alimentos consumidos. Sólo un 2 por 100 de esas poblaciones estudiadas derivan un 66 por 100 o más de su alimentación, de los alimentos vegetales. La fórmula más frecuente de proporción en estas tribus primitivas entre plantas y animales es de entre 16 y 25 por 100 de alimentos procedentes de las plantas y de 75 a 85 por 100 de alimentos procedentes de los animales.

En los huesos fósiles, se ha medido su contenido en el isótopo del nitrógeno δ15N que refleja la cantidad de carne consumida por el animal u homínido al que pertenecieron. Los contenidos en δ15N en diversos huesos fósiles de neandertales y de cromañones son mucho más elevados que los encontrados en huesos fósiles de la misma antigüedad de herbívoros como bisonte, caballo o antílope, pero similares a los hallados en huesos fósiles de carnívoros de la misma época como lobos o zorros árticos. Todos estos estudios sugieren una gran dependencia de alimentos de origen animal entre nuestros ancestros más próximos.

La ganadería y la agricultura

Con la bonanza climática debió de aumentar la densidad de la población, lo que ocasionó una mayor dificultad para la caza y el nomadeo ya que se agotaban enseguida los recursos en los alrededores de los emplazamientos de los clanes. Es posible que, incluso en los últimos siglos de la época glacial, cuando el frío intenso iba cediendo, nuestros ancestros aprendieran a retener entre ramas y troncos de árboles a algunas presas que lograban atrapar vivas cuando eran apenas unas crías. Los animales así encerrados en toscos corrales cerca de sus viviendas constituirían una reserva de alimentos siempre disponibles. Así se supone que se gestaron los inicios de la ganadería. Es curioso comprobar que esas mismas dificultades se están dando en la actualidad con los pescados marinos, y están propiciando el desarrollo de esa ganadería marina que es la acuicultura.

Más tarde, poco a poco, mediante hallazgos casuales y observaciones meticulosas, comenzaron a sembrar algunas semillas al lado de su refugio para luego recolectarlas y, de esta manera, siglo a siglo, se fueron desarrollando los rudimentos de esos grandes logros de la creatividad del *Homo sapiens sapiens* que fueron la agricultura y la ganadería.

Los datos paleobotánicos y arqueológicos señalan que la agricultura se desarrolló hace unos diez mil años en varias regiones del mundo pero, en especial, señalan algunas zonas de Oriente Próximo como los lugares donde surgió la agricultura ya de una forma sistemática y reglada. Desde allí se extendió por el resto de Europa y Asia, lo que al parecer ocurrió en un avance radial, a un ritmo de un kilómetro por año. La adopción de la agricultura y la ganadería no fue tan explosiva como para poder calificarse de «revolución agrícola», pero, no obstante, requirió sólo unos pocos miles de años para generalizarse por Europa y por Asia. El ritmo de desarrollo de la agricultura no fue similar en todos los lugares a causa del aislamiento de las poblaciones o debido a las particulares condiciones climatológicas. Por ejemplo, la agricultura se retrasó mucho en América, donde algunas comunidades apenas la practicaban antes de que el continente fuera descubierto por los españoles. Y, por ejemplo, los aborígenes australianos, algunas tribus de África y América y ciertos isleños de Oceanía nunca han desarrollado la agricultura.

Los cambios en la alimentación

La domesticación de los animales y el cultivo de las plantas fueron transformando progresivamente la manera de alimentarse de nuestros antecesores. Las sociedades agrícolas y ganaderas tuvieron acceso a nuevos alimentos, muchos de ellos compuestos de moléculas desconocidas para el genoma paleolítico.

Una cuestión interesante es lo que podemos denominar la «Ley del embudo de la alimentación». Los habitantes del Paleolítico podían recolectar una gran variedad de plantas silvestres y cazaban una gran cantidad de especies de animales, de insectos, de peces. Su dieta estaba formada por cientos de alimentos diferentes. Esto se ha verificado mediante estudios antropológicos realizados en tribus de cazadores recolectores. Por ejemplo los !kung, aunque habitan los desiertos del sur de África, consumen 105 especies de plantas y 144 especies de animales. Los aborígenes australianos de North Queensland explotan 240 especies de plantas y 120 especies de animales. Esta gran variedad en las fuentes alimenticias garantiza el aporte de todos los nutrientes necesarios y permite una dieta equilibrada, aunque el total de alimentos consumidos no sea grande.

En contraste, los hombres del Neolítico, cuando desarrollaron la agricultura y la ganadería, restringieron enormemente la variedad de alimentos a unos pocos animales y unas cuantas plantas. Esta tendencia de «embudo alimentario» ha continuado hasta nuestros días; la mayor parte de la gente que vivimos hoy en sociedades industrializadas nos alimentamos de un rango sumamente estrecho de alimentos: unos pocos vegetales (trigo, arroz, maíz, patatas, legumbres y algunas pocas verduras y hortalizas) constituyen el 90 por 100 de los alimentos vegetales que consumimos. Respecto a los animales terrestres, el vacuno y el porcino representan más del 80 por 100 del consumo, y mucha gente apenas come pescado, e incluso cuando lo hacemos nos circunscribimos a unas pocas variedades, las disponibles en el mercado de cualquier ciudad. Cuando se hace una encuesta y se les pide a un grupo de gente que escriba en un papel qué alimentos diferentes consumieron durante la semana anterior, casi nadie llega a escribir cincuenta nombres. Y si esta prueba se realiza entre adolescentes, apenas escribirán veinte nombres de alimentos diferentes. El «embudo alimentario» es hoy uno de los defectos graves de la alimentación en las sociedades desarrolladas, que nos obliga a comer cada vez más cantidad de un menor número de alimentos diferentes.

La agricultura, junto con el uso culinario del fuego, produjo una innovación en la alimentación de gran trascendencia: permitió el consumo de los cereales y las legumbres, que, como ya hemos indicado, no se pueden consumir en crudo. Dado su interés vamos a insistir en lo referente al asunto de los cereales. Ocho son los principales cereales que consumimos hoy los seres humanos (trigo, cebada, centeno, avena, maíz, arroz, sorgo y mijo). Todos derivan de unos precursores silvestres y que fueron domesticados a lo largo de miles de años tras el final de la glaciación. Además, estos cereales eran endémicos de unas localizaciones geográficas precisas y, en consecuencia, su aislamiento geográfico los haría inalcanzables para la mayoría de los homínidos. Los granos de estas versiones silvestres de los cereales eran muy pequeños y muy difíciles de recolectar. Por ejemplo, cuando las espigas del trigo silvestre llegan a la madurez, los granos se desprenden con gran facilidad (para favorecer la dispersión de las semillas) bien espontáneamente o al mínimo roce del recolector, lo que provoca la caída al suelo de los granos y la consiguiente pérdida de éstos. Aun en el caso de que nuestros antecesores dispusieran de variedades de trigo como las que se utilizan hoy, en cuyas espigas los granos permanecen unidos, se precisarían hoces de piedra para segar, cestos para transportar las espigas, piedras para moler el grano y herramientas para cocinar la harina. Estos utensilios no se conocen antes del Neolítico, como mucho, 7.000 años antes de nuestra era. Nuestro intestino no está equipado con los sistemas enzimáticos requeridos para obtener los nutrientes y la energía de las gramíneas crudas. Se precisa que el grano de cereal se muela para romper la cubierta que lo protege y permitir que las proteínas y los carbohidratos que alberga sean accesibles a la digestión, y, además, cocinarlos para cristalizar el almidón y hacerlo más digestible. Es imposible, por todas estas razones, que los cereales tuvieran alguna relevancia en la alimentación de los homínidos antes de los 40.000 años, y casi seguro que no fueron importantes hasta el desarrollo de la agricultura.

Las primeras transformaciones de los alimentos

Con la agricultura se frenó el nomadeo, se crearon las aldeas, se desarrolló la fabricación de recipientes de cerámica y pronto se desarrollaron las primeras y rudimentarias industrias de transformación de alimentos, por ejemplo la fabricación de pan, o la fermentación de frutas o cereales que proporcionaron las bebidas alcohólicas. También se procesaron los alimentos de origen animal para su conservación. El secado de trozos de carne mediante el aire frío debió de ser una práctica que se venía haciendo desde miles de años atrás. Y también el ahumado de la carne y del pescado.

Un aspecto interesante de la alimentación pasada y presente es el de la leche y los derivados lácteos. Seguro que la leche comenzó a utilizarse como alimento en cuanto se tuvo ganado accesible y lo suficientemente domesticado como para que se dejara ordeñar; es impensable el ordeño sistemático de animales salvajes. Dado que la leche es un alimento muy perecedero en ausencia de refrigeración, también debieron de desarrollarse muy pronto las diversas técnicas de conservación de la leche, en especial el queso o el yogur. La leche como alimento es algo de gran interés porque, además de proporcionar proteínas, grasas, vitaminas y minerales, es de los pocos alimentos de origen animal que contienen abundantes hidratos de carbono (en este caso, la lactosa). Pruebas genéticas demuestran que la leche debió de ser un alimento de importancia sólo en la alimentación de nuestros antepasados más recientes. Analicemos este asunto.

Un gen localizado en el cromosoma número 1 codifica la síntesis de la lactasa, que es el enzima capaz de digerir la lactosa, el azúcar de la leche. Al nacer este gen se encuentra activado en las células del aparato digestivo para permitir la lactancia, pero en la mayoría de los mamíferos y, por lo tanto, en nosotros, este enzima se desactiva cuando cesa la lactancia y desaparece la actividad lactasa del intestino. Ya que el organismo adulto, en condiciones naturales, no va a consumir leche nunca más, se ahorra el esfuerzo de fabricar un enzima innecesario. A nuestros primeros antecesores ganaderos, que no podían digerir el azúcar de la leche, se les producía lo que hoy se llama intolerancia a la lactosa. Esta debió de ser una de las razones, además de la conservación del producto, que estimularon el consumo de leche en forma de queso o yogur, en los que la cantidad de lactosa se reduce.

Pero en algunos de nuestros antecesores se produjo una mutación del gen de la lactasa, de tal forma que no se inactivaba tras la lactancia y persistía siempre, lo que permitía poder digerir la lactosa de la leche a lo largo de toda la vida. La persistencia de la lactasa es una manifestación de un fenómeno general que se denomina «neotenia», característico de la especie humana y que consiste en la pervivencia en el adulto de algunas características propias de la infancia.

Esta mutación se afianzó en aquellas poblaciones que dependían más de la leche como alimento, tal es el caso de Europa y el norte de Asia, donde las condiciones climatológicas y la mayor cantidad de hierba verde favorecían el desarrollo del ganado y donde, además, algunos de los componentes de la leche, como el calcio y la vitamina D, eran más necesarios, ya que la insolación es menor y cuesta más fabricar nuestra propia vitamina D. Esta vitamina se fabrica en gran cantidad por acción de la radiación ultravioleta que actúa sobre un precursor, de origen vegetal, cuando éste circula por las arterias y venas de la piel. En las poblaciones del norte de Europa, de baja insolación, consumir leche era fundamental para la adecuada osificación de los huesos. El resultado es que más del 70 por 100 de las poblaciones europeas y del norte de Asia o sus descendientes portan esta mutación y pueden digerir la leche. Por contraste, menos de un 30 por 100 de las poblaciones de África, del este y del sur de Asia y de Oceanía pueden digerir la lactosa. Hay algunas excepciones, sobre todo en poblaciones cuya forma de vida tradicional ha sido el pastoreo, como los tutsis.

Algo parecido debió de suceder con el consumo de alcohol. La capacidad para digerir grandes cantidades de etanol depende en cierta medida de que el hígado produzca un enzima denominado alcohol deshidrogenasa, codificado por un gen del cromosoma número 4. Esto, en los individuos capaces de fabricar este enzima, les permitía consumir ciertos líquidos fermentados que poseían unas virtudes nutricionales de gran importancia para la época: eran limpios y estériles y no llevaban gérmenes dañinos y proporcionaban calorías. Los estragos causados por diversas formas de disentería en los primeros milenios de vida agrícola sedentaria, sobre todo en tiempos de sequía, debieron de ser terribles. La única forma de beber agua no contaminada era hervida o en forma de bebidas fermentadas. Es posible que la primera función de las bebidas fermentadas como la cerveza o el vino fuera la de proporcionar una bebida que no produjera diarreas, cuyo efecto secundario, además, resultó ser muy agradable. En cualquier caso, el alcohol es también un producto de la domesticación, en este caso de frutas (uvas) o de cereales (cebada, maíz). Es útil recordar que el alcohol es muy energético y que proporciona casi tantas calorías como las grasas, unas siete kilocalorías por gramo.

La agricultura y la ganadería, junto con el comienzo de los intercambios comerciales, permitieron la difusión y comercialización de la sal (salario significa pago en forma de una dosis de sal). Se incrementó su consumo asociado a la conservación de carne y pescado (las salazones) y al arte culinario. Este es otro asunto en el que convendría detenerse. Nosotros estamos adaptados a una ingestión pequeña de sodio, menos que de potasio, puesto que el sodio es menos abundante que el potasio en todos los alimentos, ya sean animales o vegetales. Nuestros antecesores consumían al día menos de 1 g de sodio y más de 7 g de potasio. Pero en la sociedad actual se han cambiado las proporciones, un individuo de cualquier ciudad moderna occidental consume diariamente 5 g de sodio (la mayor parte procedente de los alimentos enlatados o de sobre) y menos de 3 g de potasio. Este cambio tiene una gran trascendencia en el desarrollo de algunos tipos de hipertensión y en problemas renales.

Una vez que se tuvo harina de cereales, se le adicionó miel y surgieron los dulces, tan atractivos para nosotros y que evolucionaron a miles de formas a lo largo de milenios. Esto supuso otra novedad alimenticia desconocida por nuestros genes: el abuso de alimentos dulces y que hoy es una de las causas fundamentales del desarrollo del Síndrome Metabólico. Los alimentos dulces no son frecuentes en la naturaleza, sólo la miel y algunas frutas (uvas, plátanos, higos) son dulces naturales.

La asimilación de los nuevos alimentos

Por lo tanto, el desarrollo de la agricultura y la ganadería transformó los patrones de alimentación de nuestros antecesores. Por primera vez en millones de años volvieron a predominar los hidratos de carbono en la dieta. Se consumían muchos cereales (trigo, maíz o arroz, según el continente en que prosperaran esos antecesores), legumbres, frutas, verduras, raíces, miel y leche. Y esto se complementaba con carne procedente del ganado o de la caza y de pescado y otros alimentos acuáticos. Claro que no siempre se daban estas condiciones de abundancia y disponibilidad de alimentos; la humanidad todavía tuvo que soportar terribles hambrunas motivadas por las sequías y los períodos fríos extremos que de vez en cuando azotaban y, por supuesto, a causa de ese subproducto del cerebro humano que son las guerras. Pero la situación ya era muy diferente a la de los milenios precedentes.

En el Neolítico, la alimentación sufrió un cambio drástico. Por una parte la agricultura permitió volver a incrementar los carbohidratos en la dieta y a permitir que estos estuvieran siempre disponibles salvo catástrofe o sequía pertinaz; incluso en estos casos una reserva almacenada en silos rudimentarios les permitiría socorrerse con esas provisiones. Pero limitó el consumo a unas pocas especies vegetales. Por otra parte, a pesar de la ganadería, el consumo de carne comenzó a descender respecto a épocas precedentes. Desde entonces, el consumo de carne se convirtió en muchas culturas en un lujo que se reservaba para disfrutar en ocasiones de fiestas y celebraciones. La reducción de la diversidad de alimentos (embudo alimentario) redujo el aporte de vitaminas y minerales y el incremento del consumo de vegetales sobre animales incrementó la ingestión de ácidos grasos poliinsaturados omega-6, con respecto a los omega-3. Y también redujo la ingestión de ácidos grasos poliinsaturados de larga cadena, abundantes sólo en tejidos animales (ácido araquidónico, AA; ácido docosatetraenoico, DTA, y ácido docosahexanoico, DHA).

Hace quince mil años, cuando nuestros antecesores comenzaban a desarrollar esta nueva forma de vida de agricultores y ganaderos, la mayor parte de ellos portaban en sus células el genotipo ahorrador, esa tendencia genética a la insulinorresistencia y a la leptinorresistencia que ya hemos visto que jugó un importante papel en toda nuestra evolución y que permitió superar la última prueba de los miles de años de glaciación.

Cuando nuestros antepasados agricultores ingerían la alimentación mixta característica de estas poblaciones, compuesta de vegetales y de algo de carne o de pescado, absorbían los nutrientes, fundamentalmente la glucosa, los aminoácidos y las grasas tras la digestión. La glucosa aparecía en sangre de forma muy lenta ya que los alimentos vegetales que se consumían eran muy ricos en fibra; son de los que denominamos azúcares lentos (de bajo índice glucémico), es decir, que cuesta digerirlos y por eso la glucosa se absorbe muy despacio desde el tubo digestivo. En estas condiciones, al aumentar poco a poco la glucosa en la sangre se estimulaba moderadamente la secreción de insulina. Ésta tenía algunas dificultades para actuar sobre las células musculares y hepáticas, a causa de la insulinorresistencia. Se producía entonces una breve y ligera hiperinsulinemia, que favorecía el almacenamiento del exceso de glucosa y de lípidos en los depósitos grasos.

En ocasiones se ingerían comidas abundantes en hidratos de carbono rápidos (índice glucémico elevado), como ocurriría por ejemplo si unos cazadores consumieran durante unos días la abundante caza lograda y la acompañaran de puñados de miel obtenida en una colmena hallada en el tronco de un árbol. En estas condiciones, la miel contiene una gran cantidad de azúcares rápidos y hasta un porcentaje elevado de glucosa pura y, en consecuencia, la miel apenas necesitaría digestión, la glucosa se absorbería por el intestino a gran velocidad, aumentando rápidamente en la sangre. Se estimulaba, así, la secreción de insulina, pero, a causa de la insulinorresistencia, toda la glucosa no podía penetrar en las células del hígado y del músculo con la velocidad necesaria, entonces se acumulaba en sangre y, por tanto, se estimulaba más la secreción de insulina. El exceso de insulina circulante por la sangre promovía la entrada de la glucosa de la miel y la grasa de la caza en el tejido adiposo en forma de grasa de reserva. Así, esos cazadores rellenaban sus reservas de energía con gran rapidez y eficacia y estaban dispuestos para sobrevivir a varios días sin apenas nada que comer hasta que encontraban otra presa o regresaban a sus hogares.

En estos individuos con insulinorresistencia, la hiperinsulinemia que se producía cuando consumían alimentos ricos en hidratos de carbono era muy transitoria y ocasional, no era algo habitual de todos los días, por lo tanto era imposible que ese exceso de insulina circulando en su sangre produjera los perniciosos efectos que sabemos que ocasiona hoy. La hiperinsulinemia sólo es peligrosa cuando se mantiene día a día, semana tras semana, año tras año, como les sucede a tantas personas en la actualidad, bien alimentados y sedentarios.

La dilución del genotipo ahorrador

Hemos visto que la supervivencia y evolución de nuestra especie tuvo como protagonista el desarrollo de una especial característica metabólica que se denomina genotipo ahorrador. El conjunto de pequeñas mutaciones que lo integran permite adaptaciones metabólicas beneficiosas para sobrevivir en condiciones de escasez de alimentos y ser capaces de acumular grandes reservas de grasa en los esporádicos períodos de abundancia. Esto quiere decir que todos nuestros ancestros primitivos portaban el genotipo ahorrador. Si en un clan, por azar, nacía alguna cría que no llevaba estos genes ahorradores, casi seguro que no soportaría las dificultades ambientales y moriría antes de llegar a la edad reproductora, así no transmitiría a sus descendientes este «defecto». Hace doscientos mil años, la prevalencia del genotipo ahorrador entre nuestros ancestros debería ser cercana al 100 por 100 de la población.

El aumento de los hidratos de carbono en la dieta y la mayor disponibilidad de alimentos, que se produjo tras el final de la glaciación, permitió que sobrevivieran y se reprodujeran con el mismo éxito los individuos insulinorresistentes que los insulinosensibles. En consecuencia, el número de personas portadoras del genotipo ahorrador se redujo en la población (menor presión de selección). En pleno Neolítico, si en un poblado de agricultores y ganaderos nacía algún niño sin genotipo ahorrador, ahora tenía muchas probabilidades de sobrevivir hasta la edad adulta y reproducirse, con lo cual alguno de sus descendientes portaría también la ausencia del genotipo ahorrador, que podría transmitir a sus hijos y así sucesivamente. De esta manera se fue diluyendo el genotipo ahorrador entre la población hasta nuestros días.

Pero esta reducción del genotipo ahorrador progresó a diferentes velocidades en las diferentes poblaciones según la duración de su exposición a la agricultura y la ganadería. En general, se considera que en el seno de poblaciones como la europea, en las que por diversas circunstancias la agricultura prosperó y, por lo tanto, aumentó mucho el consumo de alimentos de origen vegetal, ricos en hidratos de carbono, y se garantizaba con mayor frecuencia la disponibilidad de alimentos se relajó la presión selectiva por el genotipo ahorrador. Esto explica que una gran proporción de europeos (alrededor de un 30 por 100), pero no todos, porten el genotipo que predispone a desarrollar insulinorresistencia. Otras poblaciones que nunca (o muy tardíamente) han desarrollado la agricultura como, por ejemplo, los indios Pima de América del Norte, los nauruanos de Oceanía o los aborígenes australianos, presentan aún el genotipo ahorrador en la mayor parte de la población.

La revolución industrial y la revolución tecnológica

La sociedad agrícola y ganadera continuó hasta hace tres siglos sin apenas cambios sustanciales ni en las técnicas de cultivo ni en los tipos de alimentos cultivados, excepto por los pocos que se incorporaron a causa de los intercambios intercontinentales. El primer cambio importante en nuestra alimentación tras el desarrollo de la agricultura y la ganadería ocurrió a causa de la llamada «revolución industrial». El segundo y más reciente está sucediendo a causa de la llamada «revolución tecnológica». Vamos a analizar las repercusiones de estas dos revoluciones en la alimentación en los últimos trescientos años de existencia de nuestra especie, el *Homo sapiens sapiens*.

Antes vamos a recapitular someramente cómo ha sido nuestra relación con los hidratos de carbono a lo largo de nuestra evolución. En primer lugar, hace cinco millones de años nuestro antecesor *Ardipithecus ramidus* disponía de hidratos de carbono abundantes a base de una alimentación rica en vegetales siempre disponibles; de ahí pasamos hace tres millones y medio de años a la dieta pobre en hidratos de carbono del *Australopithecus afarensis*, a causa de que los vegetales eran poco abundantes y poco nutritivos; continuó nuestra evolución hace dos millones de años con el *Homo ergaster*, con una mayor reducción de los hidratos de carbono de la dieta y su sustitución por alimentos de origen animal. Esta misma situación la padeció el *Homo sapiens sapiens*, acrecentada si cabe, durante las glaciaciones. Hace quince mil años se cerró un ciclo y los hidratos de carbono volvieron a ser abundantes, y siempre disponibles en nuestra alimentación, a causa del desarrollo de la agricultura.

Si nos fijamos, durante estos millones de años de evolución sólo se modificó la cantidad de hidratos de carbono consumidos, pero no su calidad. Siempre se trataba de hidratos de carbono lentos; de los alimentos que se denominan de bajo índice glucémico. Además, en esos seis millones de años de evolución siempre nos costó esfuerzo el conseguir el alimento. Unas veces más y otras, menos, pero siempre hemos cumplido la ley general en el mundo animal que establece que hay que consumir energía para lograr alimentos: «moverse para comer y comer para moverse». En estas condiciones, el genotipo ahorrador desarrollado cumplió su misión evolutiva con tanta eficacia que el resultado somos nosotros.

Pero recientemente se ha producido un cambio drástico en estos planes que funcionaron como ley general a lo largo de seis millones de años de evolución. La revolución industrial que comenzó en el siglo XVII desarrolló la artesanía y la industria y entre sus múltiples consecuencias, en lo que atañe a nuestro asunto, produjo un cambio en la «calidad» de los hidratos de carbono consumidos en nuestra alimentación.

La molienda fina de los cereales y la retirada del salvado y todas las partes de fibra no digestibles aumentó la velocidad de digestión y absorción de la glucosa de los alimentos compuestos de cereales. El almidón que contienen en las patatas fue utilizado en numerosos preparados que permitían una digestión fácil y, en consecuencia, el aumento rápido de la glucosa en la sangre. Se desarrollaron todo tipo de dulces elaborados con miel o con azúcar extraído de la caña o de la remolacha y posteriormente refinado. La abundancia de hidratos de carbono de elevado índice glucémico y, por lo tanto, de asimilación rápida invadió nuestra alimentación.

Recientemente la revolución tecnológica ha potenciado estas tendencias y ha puesto a nuestro alcance una enorme variedad de nuevos alimentos de gran palatabilidad, de atractivos colores e irresistibles sonidos crujientes al masticarlos. Algunos de estos productos son muy ricos en carbohidratos rápidos y en grasas: pastelería, bollería y derivados, chucherías, etc. Estas circunstancias, junto con el sedentarismo de nuestro estilo de vida, han potenciado las consecuencias negativas del genotipo ahorrador y de la insulinorresistencia en los últimos cincuenta años. La población de los países desarrollados está expuesta a un exceso de ingestión de energía en su mayor parte en forma de hidratos de carbono de asimilación rápida y de grasas saturadas poco saludables. En estas condiciones, gran parte de la población que porta el genotipo ahorrador vive en permanente hiperinsulinemia y esto favorece que el exceso de insulina que circula en su sangre desencadene el Síndrome Metabólico y las enfermedades que lo configuran: obesidad, diabetes, hipertensión, aterosclerosis, hiperlipemia.

Es decir, la hipótesis fundamental que venimos desarrollando a lo largo de estas páginas es que la selección natural favoreció el desarrolo en nuestros ancestros de una peculiar condición metabólica que se denomina genotipo ahorrador y que tiene como base los fenómenos de la insulinorresistencia y también de la leptinorresistencia. Este diseño les permitió evolucionar en difíciles condiciones a lo largo de millones de años. Pero cuando un genotipo ahorrador se enfrenta a las condiciones alejadas de su diseño evolutivo (abundancia permanente de calorías, de azúcares rápidos y de sedentarismo), se transforma en algo muy perjudicial. El mal uso del diseño evolutivo, como señala la medicina darwiniana, da lugar a un exceso de insulina circulante y al desarrollo del Síndrome Metabólico y a su final obligado, como es la enfermedad cardiovascular.

Esto en principio es una hipótesis. Los escépticos exigirán pruebas. Sí, en efecto, y aquí no sirven experimentos de laboratorio con determinados animales, bien seleccionados. Incluso es posible que exista algún lector que no se creyera nada de eso a no ser que resucitara algún cromañón fallecido hace cincuenta mil años y al someterlo a nuestras condiciones actuales de vida, desarrollara el Síndrome Metabólico. ¡Claro! Si contáramos con este milagro y sucediera tal y como hemos predicho, nadie podría dudar de la hipótesis del genotipo ahorrador. Pero, ¿es posible esta verificación? ¿Podemos resucitar a un cromañón? No, eso no es posible, pero, si no les importa, les invito a realizar un par de viajes; uno a la Polinesia, el otro al norte de México y sur de Estados Unidos.

La prueba de los nauruanos

En una zona remota del océano Pacífico existe una islita de apenas unos pocos kilómetros de longitud que se llama Nauru. Hoy día es una república independiente, la República de Nauru, bien comunicada por avión con el resto del mundo; pero se encuentra a miles de kilómetros de cualquier otra Tierra habitada. Sus habitantes llegaron a esa isla, como el resto de primeros colonizadores de las islas del Pacífico, hace cuarenta mil años, en el transcurso de las últimas glaciaciones, cuando el nivel del océano descendió tanto que permitió que los diversos pobladores, año tras año, siglo tras siglo, generación tras generación, fueran viajando de isla en isla, saltando de atolón en atolón, pues, debido al descenso de las aguas, éstos afloraban relativamente próximos unos a otros.

Durante los miles de años de emigración de los primeros pobladores polinésicos que iban de isla en isla, su alimentación debió de ser muy pobre en hidratos de carbono, ya que los islotes y arrecifes de coral que emergían desarrollaban una vegetación poco nutritiva y pobre en hidratos de carbono asimilables por el ser humano. Hay que darse cuenta de que los cocos, por ejemplo, son muy ricos en lípidos, el aceite de coco (del que se obtiene la famosa copra), pero no en hidratos de carbono. Así pues, en esos miles de años de vagar de isla en isla debieron de alimentarse de lo que les era más accesible, como los pescados, los crustáceos, los moluscos y algún tipo de ave o pequeño animal. Por lo tanto, en esas poblaciones que, además, no desarrollaron la agricultura se potenció el genotipo ahorrador. Al menos teóricamente, la mayoría de los nauruanos que al fin se asentaron en su isla hace cuarenta mil años debían de poseer los genes que predisponen a la insulinorresistencia. Cuando subieron las aguas tras el último deshielo, los nauruanos quedaron aislados de cualquier contacto humano, durante miles de años. En ese largo período de soledad genética se afianzó el genotipo ahorrador, favorecido por el tipo de alimentación que se puede conseguir en esa isla tan pequeña (recomiendo una visita a algunas de las páginas web dedicadas a la isla de Nauru). También contribuyeron a ello las frecuentes hambrunas que padecían los nauruanos, de vez en cuando, a causa de los fortísimos ciclones que azotan la isla cada año, y que les impedían abandonar sus refugios durante muchos días. Tenían que acumular reservas de grasa para sobrevivir sin alimentos hasta que pasara la tormenta.

Este aislamiento secular se interrumpió en el siglo XVI, cuando los primeros exploradores europeos desembarcaron en la isla. El contacto entre ambas poblaciones ocasionó que se transmitieran a los nauruanos unos gérmenes que portaban en sus organismos los europeos y que eran completamente desconocidos por el sistema inmunológico de los isleños. Así, los nauruanos fueron diezmados por enfermedades como la viruela, el sarampión, la tos ferina, la difteria o la sífilis. Son las llamadas «Enfermedades de la Colonización».

Los individuos que sobrevivieron se hicieron inmunes a esos gérmenes y prosperaron viviendo en sus formas de vida tradicionales aunque, a partir de ese momento, continuaron manteniendo un cierto contacto con el mundo exterior a través del comercio, fundamentalmente de los barcos que cargaban guano, su principal producción. Y así pasaron los años en paz hasta que llegaron los años cuarenta del siglo pasado. La guerra mundial en el Pacífico los pilló de pleno y recibieron una segunda oleada de colonizadores. En este caso fueron las tropas americanas. Ya no desembarcaban con gérmenes nuevos. Ahora los chicos de la VI Flota llegaron con el chocolate, los dulces, las bebidas azucaradas, las hamburguesas, la bollería, es decir, una alimentación hipercalórica y rica en azúcares rápidos, de elevado índice glucémico. Además, desembarcaron máquinas y vehículos maravillosos que ahorraban cualquier esfuerzo.

Sus sistemas metabólicos, controlados por los genes ahorradores, no estaban diseñados para asimilar esa alimentación tan densa y rica en azúcares. La escasez de hidratos de carbono que habían padecido durante milenios había potenciado en ellos el genotipo ahorrador. Cuando en sus organismos comenzó a entrar glucosa en altas concentraciones, la insulinorresistencia impedía que la glucosa penetrara en los músculos, con lo que, al aumentar en sangre, producía una hiperinsulinemia. Este exceso de insulina, mes a mes, fue desarrollando de forma acelerada el Síndrome Metabólico. Pronto más del 60 por 100 de la población de Nauru era obesa, diabética o hipertensa y, pocos años después, la tasa de mortalidad por infarto de

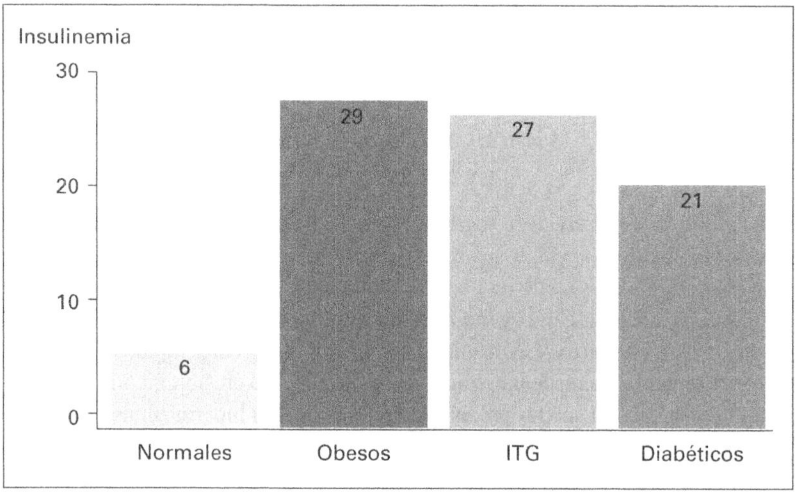

FIGURA 8.1. Alteraciones metabólicas

El análisis de los niveles de insulina en sangre dos horas después de la ingestión de un desayuno abundante en carbohidratos muestra que gran parte de los sujetos o bien con intolerancia a la glucosa (ITG) o diabéticos tienen hiperinsulinemia. La gráfica muestra los niveles elevados de insulinemia que hemos medido en individuos obesos y diabéticos en la población de Zafra (Badajoz). Son sujetos con hiperinsulinemia a consecuencia de la insulinorresistencia que padecen; son portadores de un genotipo ahorrador. (Datos tomados de Carramiñana, 2001.)

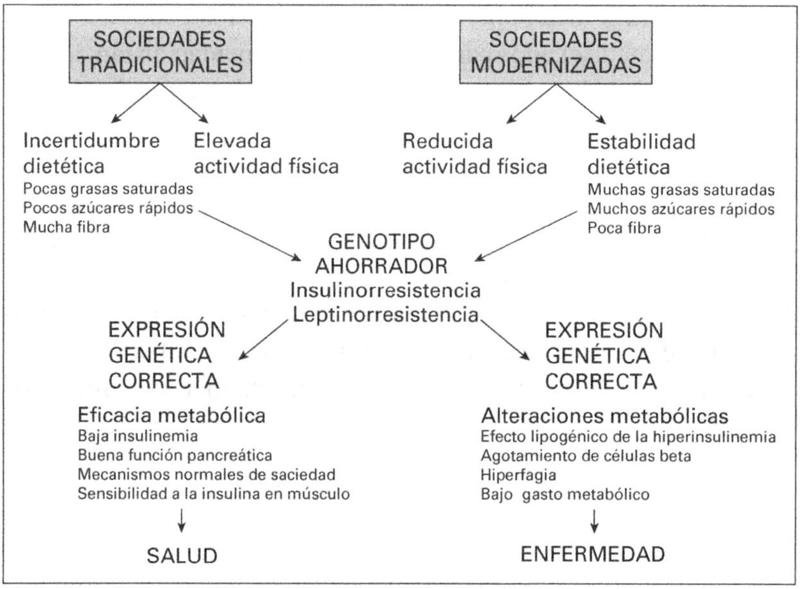

FIGURA 8.2. Genotipo ahorrador, factores ambientales y enfermedad

A los individuos que viven en sociedades tradicionales, agrícolas, cazadoras y recolectoras, su estilo de vida y su alimentación permiten una expresión correcta de sus genes ahorradores y ello les confiere ventajas de salud y de supervivencia. En los individuos que poseen el genotipo ahorrador y viven en sociedades modernas y urbanizadas, con un exceso de alimentos, incluidos azúcares rápidos y un defecto de actividad física (sedentarismo), se produce una expresión incorrecta de sus genes ahorradores lo que les predispone a desarrollar el hiperinsulinismo crónico y la acumulación de grasa que les conduce al Síndrome Metabólico y a la enfermedad cardiovascular.

miocardio era aterradora. A estas enfermedades, como la diabetes, la hipertensión, la hiperlipemia y la aterosclerosis, antes desconocidas y que inundaron a los nauruanos, se las llama «enfermedades de la cocacolonización». Simplemente como expresión de las consecuencias de una forma de vida, sin que ello implique una responsabilidad directa de la popular bebida en tales enfermedades.

Incluso algunos estudios han podido demostrar cómo miembros de una misma familia que habitan en las ciudades de la costa, trabajando en las instalaciones turísticas, con un estilo de vida y alimentación occidental hipercalórica y un bajo nivel de actividad física desarrollaban el Síndrome Metabólico, mientras que sus parientes, que permanecían en las montañas viviendo de acuerdo a sus normas de vida tradicional, estaban protegidos. El regreso de algunos individuos desde las ciudades de la costa a sus poblados de las montañas y a sus formas de vida tradicionales, permitió la remisión de sus incipientes diabetes, hipertensión o hiperlipemias.

Los indios Pima: las ventajas del sur

Los indios Pima proceden de una tribu que desde hace miles de años ocupaba lo territorios de lo que hoy es el sur de Estados Unidos (Arizona) y el norte de México (la región de Sierra Madre). Las cuestiones administrativas derivadas de la creación de los dos estados dividieron a los indios Pima en dos poblaciones. Una quedó en el norte y desde hace muchos años viven en reservas donde hay abundancia constante de comida rica en dulces y en grasas y de alcohol y que viven en un sedentarismo total, motivado por la abundancia de vehículos y maquinaria de todo tipo que les ahorra cualquier esfuerzo. En esta población de indios Pima, la obesidad y la diabetes afecta a más del 70 por 100 de los individuos y la mortalidad cardiovascular es elevada.

En contraste están los indios Pima que quedaron al sur en la Sierra Madre mexicana. Su forma de vida es agrícola y ganadera. Se alimentan de vegetales ricos en fibra y algo de carne. Su esfuerzo físico es elevado a causa de la anfractuosidad del terreno y la escasez de maquinarias. En estos individuos, genéticamente idénticos a sus parientes del norte, la obesidad y la diabetes afecta a menos del 10 por 100 de la población.

Los numerosos estudios realizados en diversos grupos étnicos como los nauruanos o los indios Pima han demostrado la hipótesis que venimos planteando. Los individuos que portan el genotipo ahorrador y viven en las condiciones tradicionales de vida, con poca alimentación y un elevado grado de actividad física, esta condición genética les confiere ventajas de supervivencia y salud. El exceso transitorio y breve de insulina favorece la acumulación de grasas y permite la supervivencia en los períodos de hambruna. Pero esos individuos, cuando viven en una sociedad modernizada, de sedentarismo y abundancia de alimentos, sobre todo de azúcares rápidos y grasas saturadas, se produce un exceso casi permanente de insulina en su sangre y esta hiperinsulinemia constante es la desencadenante del Síndrome Metabólico y de sus consecuencias.

Para saber más

Estudios sobre los análisis sobre las características de la dieta de nuestros ancestros:

L. Cordain *et al.*, «Plant to animal subsistence ratios and macronutrient energy estimations in world wide hunter gathered diets», *American Journal Clinical Nutrition*, 71, 2000, pp. 682-692.

M.P. Richards *et al.*, «Neanderthal diet at Vindija and Neanderthal predation: the evidence from staple isotopes», *Proceedings of The National Academy of Sciences of the United States of America* (PNAS), 97, 2000, pp. 7.663-7.666.

Más información sobre el genotipo ahorrador en nauruanos e indios Pima puede hallarse en:

P. Zimmet, «Cocacolonization and the chronic disease epidemic: can the doomsday scenario be averted?», *Journal Internal Medicine*, 247, 2000, pp. 301-310.

P. Zimmet, K. G. M. M. Alberti, J. Shaw, «Global and societal implications of the diabetic epidemic», *Nature*, 414, 2001, pp. 782-787.

Un excelente estudio de la alimentación tras la glaciación es el de:

A. H. Lichtesnstein, «Dietary fat: A history», *Nutrition Reviews*, 57, 1999, pp. 11-14.

L.M. Candib, «Obesity and diabetes in vulnerable populations: reflection on proximal and distal causes», *Annals of Family Medicine*, 5, 2007, pp. 457-556.

Nuestro análisis de la detección de insulinorresistencia e hiperinsulinismo y la prevalencia de Síndrome X en la población del área sanitaria de Zafra (Badajoz) fue objeto de la siguiente tesis doctoral:

F. Carramiñana Barrera, *Estudio sobre el síndrome metabólico en una población semirural de Extremadura*, Tesis Doctoral, Universidad de Extremadura, Facultad de Medicina, 2001.

9

Cómo reajustar nuestro diseño

Hay que hacer las paces con nuestro diseño

Supongo que cualquiera que haya leído con atención las páginas precedentes sabrá que con un estilo de vida correcto se puede uno proteger contra la amenaza del Síndrome Metabólico y sus consecuencias. Si ya padece algunas de sus manifestaciones (diabetes, obesidad, hipertensión o dislipemia), comprenderá que con algunos cambios en el estilo de vida se puede evitar la progresión del síndrome o, incluso, conseguir que remitan los problemas que ya se han manifestado. Los médicos sabemos que en una hipertensión, en sus comienzos, se puede conseguir que los valores de presión arterial retornen a la normalidad simplemente con hacer perder los kilos que le sobraban al paciente y convencerlo de que practique algo de ejercicio físico de forma reglada. También es frecuente observar, en los primeros momentos de una diabetes, que con medidas sencillas como normalizar el peso corporal, seguir una dieta adecuada e iniciar un programa de actividad física, se puede conseguir que la glucemia regrese a cifras normales sin requerir ningún fármaco.

Pero ¿qué medidas concretas podemos adoptar para ponernos en paz con nuestro diseño evolutivo? No sería lógico, por ejemplo, que para frenar las manifestaciones de nuestro genotipo ahorrador, para estar de acuerdo con nuestra evolución, nos vistiéramos con un taparrabos y fuéramos al supermercado con una lanza en la mano a dar saltos y a corretear por los pasillos para, de esa forma, conseguir el alimento con esfuerzo. Tampoco podemos pretender consumir aquellos alimentos que reproduzcan exactamente los que consumían nuestros ancestros, como proponen algunos de los furibundos partidarios de la llamada «paleodieta». Éstos llegan hasta el extremo de preconizar que sólo se puede comer como lo hacíamos antes del desarrollo de la agricultura, e incluso recurren a cazar y a recolectar sus propios alimentos en un entorno natural. Desde luego, no se trata de eso.

Tampoco podemos aplacar la energía liberada frente a una emergencia como lo harían nuestros antecesores de la Edad del Hielo: con movimiento muscular inmediato de lucha o huida. Hoy no está bien visto que saltemos al cuello del jefe, en plena oficina, para morderle la yugular ante la menor llamada de atención; aunque a veces la tentación resulte irresistible. Tampoco se acepta que escapemos corriendo, dando alaridos de terror y agitando los brazos, de la entidad bancaria donde nos acaban de negar ese crédito indispensable para nuestra empresa, aunque sí nos gustaría hacerlo. Pero entonces, ¿qué debemos hacer para vivir de acuerdo con nuestro diseño evolutivo? Vamos a recapitular brevemente acerca de las características de nuestro genoma paleolítico y las principales circunstancias que hoy nos alejan peligrosamente de nuestro diseño. Luego propondremos algunos remedios para reajustar nuestra forma de vida, dentro del marco de una convivencia lógica social y familiar, adecuada a la época que nos ha tocado vivir.

Los genes ahorradores y sus consecuencias

En las páginas precedentes hemos visto que la especie humana ha pasado mucha hambre durante su evolución. A lo largo de millones de años el genoma se ha ido adaptado para sobrevivir a los constantes ciclos de hambre y de abundancia. Nuestros ancestros tuvieron que adaptarse a las frecuentes carencias acumulando una serie de mutaciones favorables hasta constituir lo que se ha denominado «Genotipo ahorrador» (*Thrifty genotype*).

El modelo del genotipo ahorrador implica cuatro postulados fundamentales:

1. La selección natural, a lo largo de la evolución biológica, ha programado el disponer de «mecanismos genéticos ahorradores». Estos mecanismos están basados en algunas características especiales de los receptores, transportadores y enzimas de nuestras células, que permiten una asimilación y acumulación de reservas de energía más eficaz. Las mutaciones genéticas que conforman el genotipo ahorrador son genes que aumentan la eficacia en la extracción de energía y su almacenamiento a partir de los alimentos, de tal forma que favorecen la acumulación de grasa en épocas de abundancia. Durante los períodos de escasez de alimentos, los individuos con genes ahorradores tendrían ventaja de supervivencia y de reproducción al poder recurrir a la energía extra almacenada previamente en sus depósitos grasos.
2. La mayor parte de los alelos genéticos ahorradores desempeñan múltiples actividades en diferentes rutas metabólicas y ejercen diversas funciones fisiológicas. A estos genes con múltiples funciones se los denomina pleiotrópicos.
3. En los últimos 100.000 años prácticamente nuestro genoma apenas se ha modificado, por lo tanto todos portamos un genotipo paleolítico. Los genes ahorradores se han ido diluyendo en las diferentes poblaciones humanas desde que comenzó la civilización. Hoy existen grupos poblacionales con diversas prevalencia de genes ahorradores entre sus individuos.
4. Los seres humanos hemos alterado dramáticamente las circunstancias ecológicas y ambientales en las que nos desenvolvemos. Numerosos alelos que proporcionaban ventajas durante las circunstancias ambientales más difíciles de nuestra evolución podrían hoy conferir a sus portadores una desventaja, y favorecer el desarrollo de enfermedad.

¿Cuáles son los componentes del genotipo ahorrador?

El fundamento de esta condición genética que se ha denominado «genotipo ahorrador» son un conjunto de pequeñas mutaciones; lo que técnicamente se denomina SNP (Single Nucleotide Polymorphisms), es decir, apenas el cambio de alguna letra en toda una página de información. Estas pequeñas mutaciones normalmente no

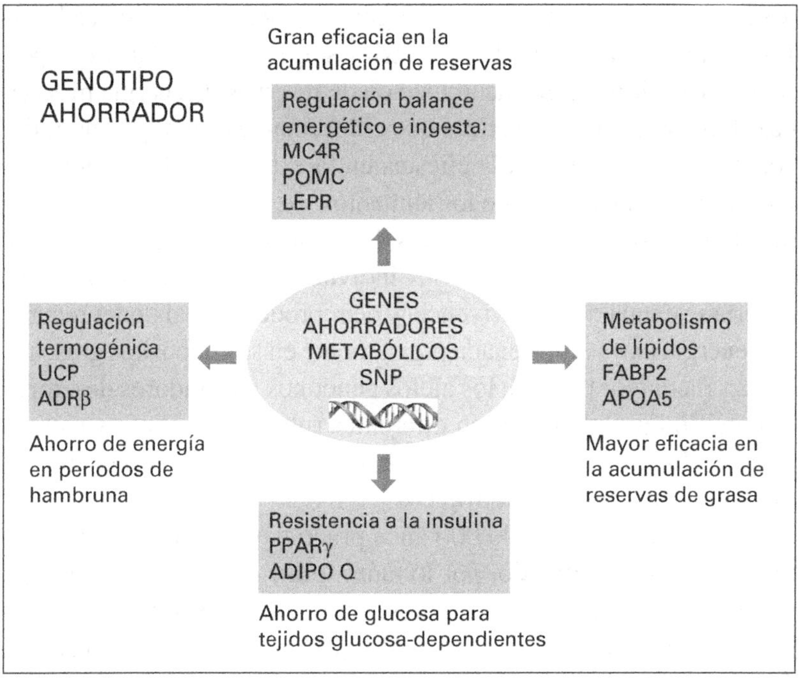

FIGURA 9.1. Los genes ahorradores metabólicos

Se han caracterizado y son susceptibles de determinación en cualquier laboratorio de genética algunas mutaciones de un solo nucleótido (SNP) en genes que controlan el metabolismo energético y que forman parte del llamado «Genotipo Ahorrador». En la figura se han agrupado estos genes dentro de un recuadro en relación a la función metabólica que determinan y se expresa qué ventaja metabólicas proporcionan cuando el sujeto que los porta vive en condiciones de vida similares a las que se dieron en el Paleolítico.

producen ningún efecto perjudicial, como no cambia el sentido de una página impresa la errata en una o dos letras. Pero a veces estos pequeños cambios se traducen en modificaciones importantes en la proteína que las células fabrican con esa información y se modifica su función.

La mayor parte de las SNP que forman el genotipo ahorrador afectan a genes que fabrican proteínas que controlan el metabolismo energético. Entre ellos se han identificado mutaciones del gen de la proteína que favorece la absorción intestinal de las grasas (FABP2, Protein Binding Fatty Acids) y su transporte por la sangre (APOA5); varios genes que controlan el gasto energético como son las proteínas desacoplantes mitocondriales (UCPs, Uncoupling Proteins) o los receptores adrenérgicos (β-3, Adrenergic Receptor). Dos genes tienen que ver con la insulinorresistencia, que es elemento fundamental en el desarrollo de la mayor parte de las enfermedades de la opulencia y del Síndrome Metabólico (IRS1 y PPAR γ2). Finalmente hay mutaciones que afectan al apetito como las mutaciones de los receptores de la leptina y que inducen leptinorresistencia (LEPR) y de otros neurotransmisores relacionados con el ciclo hombre y sociedad (MCYR y POMC).

Las personas que porten en su genoma alguna o varias de estas mutaciones tienen una gran facilidad para desarrollar obesidad y el resto de las enfermedades de la opulencia, si no siguen una dieta natural y saludable.

Cómo reajustar el diseño de nuestra alimentación

Millones de años de evolución han configurado nuestras necesidades de nutrientes y diseñado nuestros patrones de alimentación. Pero la alimentación de los seres humanos en la actualidad se aleja del diseño evolutivo. La alimentación contemporánea no está sincronizada con nuestros requerimientos genéticos. Los genes, que hoy controlan cada una de las funciones de nuestro organismo, son esencialmente los mismos que los que poseían nuestros ancestros, pero nuestra alimentación es muy diferente.

Recordemos que somos genéticamente los mismos que hace cuarenta mil años. Apenas hemos incorporado nuevos genes desde esa época. Si alimentamos bien a esos genes, ellos harán bien su trabajo manteniendo nuestra salud. Si proporcionamos a esos genes nutrientes extraños o en proporciones inadecuadas, los genes y las rutas metabólicas que ellos controlan funcionarán mal y ocasionarán enfermedades. Por eso, cuanto más se aleje nuestra alimentación de aquella a la que se acomodaron nuestros antecesores, más susceptibles seremos a las enfermedades cardiovasculares y a otros males. Por el contrario, cuanto más nos ajustemos a nuestro diseño evolutivo alimentario, más protección tendremos contra estas enfermedades de la civilización.

Este no es un libro de dietética, por eso sólo vamos a poner énfasis en los principales defectos alimentarios que nos asedian en las sociedades opulentas, y se aportarán algunas sencillas recomendaciones que pueden permitir ajustar nuestra forma de vida lo más que se pueda a nuestro diseño evolutivo. Advierto que lo de sencillo se refiere a lo fácil que es retenerlas y comprender sus beneficios, no se refiere a su aplicación. Esto es sumamente difícil, en la mayor parte de los casos y exige sacrificios y la modificación de algunos de nuestros hábitos más arraigados.

En especial hay cinco circunstancias de la alimentación de los países desarrollados que inciden de manera especial sobre una expresión incorrecta de los genes ahorradores paleolíticos: el exceso de calorías, el abuso de hidratos de carbono rápidos (los dulces), la carencia de fibra vegetal, el exceso de grasas saturadas y de grasas trans, la presencia de tóxicos y contaminantes químicos en los alimentos y el embudo alimentario.

Merece la pena insistir en este asunto del embudo alimentario, a causa de su desconocimiento tanto por la población, como por los profesionales. Numerosos estudios antropológicos en tribus que viven en la actualidad en condiciones de vida paleolíticas señalan que la base de su alimentación la constituyen una gran variedad de alimentos diferentes. Ya hemos comentado que se han constatado hasta 250 alimentos diferentes en los !kung del Kalahari. De esta manera, aunque coman poca cantidad de alimentos en términos absolutos, la variedad les garantiza el equilibrio alimentario. Pero en la sociedad opulenta cada vez nos alimentamos de un menor número de alimentos diferentes. Comemos cada vez más cantidad, de un menor número de alimentos. Esta situación puede ser dramática en los adolescentes. Hemos llegado a constatar niños que solo se alimentaban de diez alimentos diferentes (espaguetis, salchichas, tomate frito, patatas fritas, huevos, leche, pan, arroz, bebidas y bollos). Este fenómeno del embudo alimentario es una situación grave, que se opone radicalmente a nuestro pasado evolutivo y tiene repercusiones serias para la salud, sobre todo de los menores.

La dieta darwiniana

Los requerimientos nutricionales de los seres humanos que poblamos actualmente el planeta representan el resultado final en el que culminan las interacciones nutricionales entre las especies que nos precedieron y los ambientes en los que les tocó vivir, y ello desde los orígenes de la vida sobre la Tierra hace miles de millones de años. Pero, sobre todo, albergamos los patrones nutricionales de los primates en general y de nuestros parientes más cercanos, los monos antropomorfos y, más aún, de nuestros primos hermanos los chimpancés y bonobos. Hace cinco millones de años emprendimos nuestra propia senda evolutiva y adoptamos nuestras propias adaptaciones alimenticias y nutricionales hasta llegar a constituirnos en el *Homo sapiens sapiens* que ahora somos.

Lo primero que tenemos que hacer es ajustar nuestra alimentación al diseño evolutivo de nuestro organismo. Si a lo largo de diez millones de años se ha ido conformando nuestra fisiología para poder asimilar los sucesivos tipos de alimentación que se nos han ofertado, debemos ser consecuentes con ello. La extensa panoplia de dietas y de planes de alimentación que se nos ofrecen hoy día, desde las dietas basura o rápidas, hasta los miles de dietas mágicas que claman desde las revistas cada primavera, todas ellas se ajustan en poco o en nada a la alimentación que nuestros antecesores consumieron a lo largo de millones de años de evolución.

Este interés por ajustarse a una dieta más cercana a nuestra evolución ha promovido la formulación de numerosos planes de alimentación como la «Caveman diet», o la «Paleolithic diet» (dietas del hombre de las cavernas, o dietas prehistóricas). Muchas de ellas están descritas con detalle en Internet. En el otro extremo tenemos los dibujos animados de la historia de la familia Picapiedra en la prehistoria, a la que los guionistas trasladan todo lo peor de nuestra sociedad desarrollada, incluidas la hamburguesa y el sedentarismo.

Yo les propongo un plan de alimentación (uno más para sumar a esos miles), que evidentemente se ajusta en lo esencial a lo que hoy recomienda la ciencia médica, pero se lo voy a presentar de una forma divertida, adaptándolo con mucha liberalidad a las etapas nutricionales de nuestra evolución. Se trata de una alimentación que nuestro genotipo pueda encontrar apetitosa y saludable.

Un 50 por 100 de nuestra alimentación debe ser como la del Ardipithecus ramidus

Ya vimos que la mayor parte de nuestra evolución, por lo menos unos cinco millones de años, transcurrieron en el bosque tropical. Por eso la mayor parte de nuestros sistemas enzimáticos y metabólicos en general están adaptados a ese tipo de alimentación. Ya vimos que el *Ardipithecus ramidus* se alimentaba fundamentalmente de frutas, brotes tiernos, flores, semillas, tallos tiernos, algunas hojas. Esto quiere decir que la mayor parte de nuestra alimentación debe estar compuesta de alimentos vegetales que puedan ser digeridos por nuestro pequeño intestino grueso. Se trata de frutas, de cualquier tipo y cuanto más mejor, verduras de hoja como la lechuga, las espinacas, las coles, las acelgas o la escarola, que semejan las hojas tiernas de nuestro ancestro. Verduras de yema y de fruto como el tomate, el pimiento, la berenjena, la calabaza, el pepino. Infloraciones como la coliflor o el brócoli. También podemos comer alimentos similares a los que el *Ardipithecus ramidus* rebuscaba por el suelo del bosque, como raíces (las zanahorias, la remolacha, el rábano, el nabo) o bulbos (los ajos, la cebolla, los puerros).

Estos alimentos nos proporcionan fibra, vitaminas, minerales y antioxidantes. Pero también muchos alimentos vegetales contienen poderosas sustancias que confieren una cierta protección contra el desarrollo de algunos tumores. Algunas de estas sustancias están bien caracterizadas y estudiadas, como le ocurre al sulforofano, muy abundante en la coliflor y el brócoli y que in vitro inhibe el crecimiento de las células del cáncer de mama y de próstata. Esto no significa que la ingestión de un determinado alimento nos proteja absolutamente de cualquiera de estos problemas, pero hay datos científicos suficientes que avalan que su consumo reduce el porcentaje de riesgo de padecer estos procesos.

Nuestro diseño se ha alejado de la alimentación de nuestro primer antepasado en un aspecto importante. El *Ardipithecus ramidus* era un herbívoro y por ello se ha calculado que ingería unos 200 g de fibra vegetal al día. Este antepasado podía aprovechar los nutrientes de esta enorme cantidad de fibra a causa de su enorme intestino grueso donde las bacterias fermentaban la fibra. Nosotros hemos perdido esta propiedad a causa de la reducción del tamaño de nuestro intestino grueso, por eso las recomendaciones de ingestión de fibra se han reducido sustancialmente a 20 g diarios.

Nuestros antepasados del bosque comían siempre que sentían hambre y varias veces al día, tal y como siguen haciendo hoy los primates hominoideos. Por eso, para que nuestra alimentación se parezca lo más que se pueda a la de nuestros antepasados primates, debemos repartir nuestros alimentos en, al menos, cinco comidas al día, y cada comida que sea de poca cantidad.

Un 30 por 100 de nuestra alimentación debe ser como la del Australopithecus afarensis

De tres a cuatro millones de años de nuestra evolución transcurrieron en un entorno en el que comenzaban a escasear los vegetales frescos, las frutas, las hojas tiernas. Como representantes de esos ancestros a quienes les tocó vivir ese período de nuestra evolución hemos considerado a los *Australopithecus afarensis*. Por eso, una parte de nuestra alimentación debe ser parecida a la que consumieron Lucy y sus compañeros de andadura. Estos ancestros ingerían todo lo que comía su antecesor, el *Ardipithecus ramidus,* siempre que les era posible, pero la sequía les obligaba también a rebuscar en la tierra para encontrar diversos tubérculos (disponemos de la patata, la batata o el boniato) o a consumir algunas semillas verdes (gracias al cocinado, hoy disponemos de las habas, los guisantes o las judías verdes). Y, por supuesto, Lucy y sus amigos consumirían frutos secos de los que hoy contamos con un abundante surtido (las nueces, las almendras, los pistachos, las avellanas, etc.).

Dada la escasez de alimentos vegetales, el *Australopithecus afarensis* debió de potenciar su tendencia oportunista y completar su dieta con miel, pequeños animales, huevos, insectos y peces, iniciando así la alimentación mediante alimentos de origen animal que consideraremos en la siguiente etapa de nuestra evolución.

Un 18 por 100 de nuestra alimentación debe ser como la del Homo ergaster

Hace dos millones de años, nuestros antepasados se enfrentaron a cambios climáticos adversos. Los alimentos vegetales eran muy escasos y para sobrevivir debieron recurrir a los alimentos de origen animal. Consumían carne de cualquier animal que encontraran muerto o que lograran atrapar; también consumían huevos de aves o de reptiles que rebuscaban entre los árboles o por las orillas de los lagos en donde habitaban. Su cercanía a los grandes lagos del valle del Rift, que constituyó durante millones de años el asiento de nuestra evolución, permitió un gran consumo de alimentos procedentes del agua como pescados, moluscos y crustáceos.

Nosotros, para ser consecuentes con estos millones de años de evolución, debemos consumir algo de carne, de huevos y sobre todo de pescado, que, además, nos proporcionan los ácidos grasos poliinsaturados que son indispensables para el desarrollo y funcionamiento de nuestro cerebro.

No debemos olvidar el otro nutriente importante: el agua. El *Homo ergaster* culminó el desarrollo de su sistema de refrigeración para poder trotar por las llanuras ardientes mediante el sudor y por ello debía de beber grandes cantidades de agua para poder mantener su temperatura corporal y permitir que el riñón funcionara de forma adecuada. Se debe beber más de un litro y medio de agua al día.

Un 2 por 100 de nuestra alimentación debe incluir las novedades aportadas por el Homo sapiens sapiens

Hace unos cuantos miles de años el desarrollo de la agricultura y la ganadería y más recientemente el desarrollo de la artesanía y la industria permitió el acceso a nuevos alimentos. Estos alimentos novedosos que casi nunca habíamos consumido en nuestra evolución son, por ejemplo, los cereales refinados, las legumbres, la leche y sus derivados (queso, leches fermentadas, mantequilla), las bebidas fermentadas (vino, cerveza o destilados), los dulces y la bollería en general, los aceites, la mantequilla, la margarina y la sal.

Siendo consecuentes con el plan de alimentación evolucionista que estamos proponiendo, estos alimentos han estado presentes en menos del 2 por 100 de nuestra evolución, así que deben repercutir en ese mismo porcentaje en nuestra alimentación, a pesar de que la realidad nos diga que constituyen hoy día los principales alimentos de la mayor parte de la población. Este apartado requiere unas aclaraciones.

La leche no ha formado parte de la alimentación adulta del ser humano hasta hace diez mil años. Algunas personas poseen la adaptación genética que les ha permitido acceder a su consumo, pero otras muchas no. Sin embargo, la leche puede modificarse en su composición para, si me permiten la expresión, adaptarla a nuestra evolución. Así pues, podemos suprimir la grasa que contiene (leche desnatada), que es muy poco saludable a causa de la gran cantidad de ácidos grasos saturados, algunos de ellos de cadena corta. También se puede suprimir la lactosa mediante tecnología alimentaria o simplemente permitiendo que esa lactosa se consuma como ocurre en el yogurt; de esta forma tendremos acceso a las proteínas de alta calidad y al calcio que contiene la leche.

Algo similar ocurre con los cereales refinados y las legumbres, que tampoco han estado presentes en nuestra evolución como alimentos hasta el desarrollo de la agricultura y la fabricación de recipientes para cocer los alimentos. Numerosos defensores a ultranza de las «paleodietas» rechazan su consumo, pero es una actitud poco lógica. Como ocurría con la leche, el procesado culinario de los cereales y las legumbres ocasiona la adaptación de estos alimentos a nuestro diseño evolutivo, y permite el aprovechamiento de los nutrientes que contienen (el almidón, las proteínas, la celulosa, las pectinas, las vitaminas, los minerales). Con respecto a los cereales, siempre será preferible consumirlos en sus formas menos refinadas (integrales).

La importancia de la alimentación de la mujer embarazada

Ya vimos que una de las causas principales de padecer Síndrome Metabólico y sus consecuencias en la edad adulta es el haber sufrido una desnutrición en la etapa fetal y el nacer con un bajo peso. Es la base de la bien documentada hipótesis del fenotipo ahorrador.

El extraordinario crecimiento del cerebro humano durante la época fetal y durante el primer año de vida exige del aporte de grandes cantidades de energía, fundamentalmente en forma de glucosa. La madre debe tener una alimentación completa y suficiente. Además, el desarrollo de nuestro cerebro exige el aporte de ácidos grasos poliinsaturados de larga cadena.

Los requerimientos de estos ácidos grasos en la mujer embarazada son de 1,5 g por día. Esto se puede conseguir simplemente consumiendo dos raciones de pescado por semana. Un 0,5 por 100 de los ácidos grasos poliinsaturados de larga cadena de la dieta de la madre son suficientes para garantizar el desarrollo del cerebro en el feto y durante el primer año de vida.

Además, la alimentación de la mujer embarazada debe ser variada y suficiente para permitir el aporte de energía al feto a través de la placenta y evitar que tenga que reajustar su sensibilidad a la insulina y desarrollar esa insulinorresistencia congénita que es la base del fenotipo ahorrador.

El sedentarismo es una enfermedad carencial

Casi nadie duda de que el ejercicio físico es beneficioso para la salud y que el sedentarismo acelera la aparición y el agravamiento, si ya se padecen, de numerosas enfermedades, entre otras, el Síndrome Metabólico y las enfermedades de la opulencia, que en él se engloban. El efecto perjudicial del sedentarismo se produce, según la medicina darwiniana, por la discrepancia entre nuestro diseño evolutivo y la forma de vida que llevamos en las sociedades desarrolladas.

Moverse para comer y comer para moverse

Existe una ley universal en biología que establece que todo animal ha de pagar un precio de trabajo muscular para conseguir las kilocalorías de los alimentos. Ya sea un escarabajo, un pez, una oveja o un leopardo, debe gastar kilocalorías como actividad física para obtener la energía de la comida. Y la supervivencia de cualquier animal depende, fundamentalmente, de la llamada «eficiencia de subsistencia», que expresa la cantidad de energía en forma de alimentos que puede adquirir para una cantidad dada de actividad física. Este balance está finamente ajustado en la naturaleza: la delgadez o el sobrepeso, no son situaciones recomendables para sobrevivir en la vida salvaje, en la mayor parte de los casos, salvo circunstancias o especializaciones concretas.

Para los primates y para cualquier mamífero y, por supuesto, para nuestros antecesores, la obtención de alimentos está siempre unida al gasto energético. Realmente todos seguimos una regla un poco absurda si la miramos bien: «gastar energía (movimiento) para conseguir energía (alimento) y conseguir energía (alimento) para gastar energía (movimiento)». Nuestros cuerpos fueron diseñados por la evolución para obtener el alimento con esfuerzo físico, ya se tratara de perseguir durante días a una presa para darle caza, o caminar durante horas recolectando alimentos del campo. El animal humano siempre ha seguido esta regla universal, que en la Biblia se expresa en forma de maldición: «Ganarás el pan con el sudor de tu frente» y que desde un punto de vista darwiniano indica que la supervivencia de nuestros ancestros, durante los millones de años de evolución, siempre dependió de un adecuado aprovisionamiento de alimentos, que a su vez requería de un esfuerzo físico proporcional. En la especie humana en la actualidad se rompe esa regla general ya que desde el comienzo de la civilización la tendencia general del ser humano es a que la obtención de energía en forma de alimentos dependiera lo menos posible del trabajo muscular. Esta tendencia ha tenido sus consecuencias.

La actividad física de nuestros ancestros

La actividad física elevada era un aspecto obligatorio e integral de la existencia de los hombres del Paleolítico. El llamado «ritmo paleolítico» consistiría en la alternancia de días de intensa actividad física con otros de reposo. El grado de esfuerzo variaba según las condiciones climatológicas, las migraciones de la caza, la disponibilidad de alimentos vegetales y las mudanzas. Diversos estudios estiman que el gasto calórico por ejercicio físico de los hombres paleolíticos era de unas 1.200 kcal/día o 20 kcal/kg de peso corporal. Mucho más elevado que el estimado para el hombre urbano actual (500 kcal/día y 9 kcal/kg de peso corporal. Las actividades físicas eran muy diversas e iban desde la caza hasta la molienda del grano. Lo interesante es que su rutina de vida estaba integrada por actividades tanto de condicionamiento aeróbico, como de entrenamiento de fuerza. Según estimaciones realizadas sobre las apófisis y zonas de inserción de los músculos en los huesos fósiles disponibles, nuestros antepasados tenían mayor masa muscular y ósea, es decir, más masa magra que nosotros y esta circunstancia tiene implicaciones metabólicas importantes. Estos individuos debían de ser un 20 por 100 más fuertes que los seres humanos actuales.

Aunque somos la misma especie desde hace cien mil años, nosotros somos hoy bastante diferentes de nuestros antepasados que vivieron antes de las glaciaciones. Parece ser que la transición morfológica desde el *Homo sapiens* arcaico al *Homo sapiens* moderno no fue debida a la utilización de nuevos alimentos. Ello más bien se debió a la mejora en la tecnología para adquirir y procesar los alimentos disponibles. Estas mejoras redujeron la cantidad de trabajo físico necesario para conseguir el alimento, se redujo la masa muscular y permitió el desarrollo de un esqueleto más grácil. En general, los humanos del Paleolítico gastaban de cuatro a cinco veces más energía en su actividad diaria que la que emplea hoy un habitante de cualquier ciudad. El fenotipo, es decir, la apariencia externa que presenta el *Homo sapiens* actual es consecuencia de la expresión de genes que evolutivamente fueron programados para un ambiente de gran actividad física. Pero en un ambiente de sedentarismo nos alejamos del diseño de nuestro genoma y el sedentarismo ocasiona una expresión génica alterada. En cierta forma, el sedentarismo se asemeja a la pérdida de función que resultaría de silenciar la expresión de un gen. Sólo cambia que, en este caso, el elemento perdido no es el propio gen sino su activación.

Durante toda la evolución de la especie humana (y especies prehumanas) la obtención y el gasto de energía han estado balanceados. Pero el desarrollo económico y la industrialización han alterado esta relación natural. Hoy el ser humano que habita los países desarrollados se ha convertido en el único animal capaz de ingerir enormes cantidades de kilocalorías en forma de alimentos, sin gastar ni una sola kilocaloría muscular para conseguirlas. Desde la visión de la medicina evolucionista, el ejercicio que algunas personas hacen cada tarde en el gimnasio o trotando por las calles es la forma diferida de saldar la deuda energética muscular contraída por los alimentos ingeridos a lo largo del día, y que ni se cazaron, ni se cultivaron.

El sedentarismo de las sociedades opulentas

Vivimos en una sociedad que tiende al sedentarismo. Cualquier persona puede pasar su jornada desde que se levanta hasta que se acuesta prácticamente sin haber ejercitado sus músculos; sólo el mínimo movimiento para realizar las tareas más sencillas: caminar hasta el coche o el autobús, sentarse en la mesa de trabajo, o realizar los gestos cotidianos más elementales. Casi nadie gasta energía para conseguir alimento porque incluso en los trabajos que tradicionalmente han requerido un gran esfuerzo físico como, por ejemplo, la agricultura o la construcción, el desarrollo de máquinas ingeniosas que realizan cualquier tarea han reducido de forma significativa el esfuerzo que se debe desarrollar. Este sedentarismo es especialmente dramático en los niños. Las crías de cualquier animal, incluida la humana, están diseñadas para estar en continuo movimiento, en juegos interminables de simulacros de lucha y de persecuciones.

Esta reducción de la actividad física, que va en contra de nuestro diseño, está alcanzando tintes dramáticos en los niños. Hoy día, cualquier niño urbanita gasta a la semana 40 horas viendo la televisión, 25 horas sentado en clase y otras 10 horas más entre computadoras y videojuegos. Si sumamos a esto el período que pasa sentado durante las comidas y las horas dedicadas al sueño, realmente apenas le queda tiempo al niño para moverse. Este fenómeno que afecta a los niños de todo el mundo y que les impide una de las cosas más saludables para su desarrollo, como es el ejercicio físico mediante el juego, se ha definido (Congreso Internacional de Diabetes, París, agosto 2003) como «Nintendonización» de la infancia. Sin que ello implique una responsabilidad directa a determinada marca de videojuegos, más bien define una forma de vida que abruma a nuestros niños en la actualidad. En un estudio realizado por nosotros sobre la obesidad infantil en Extremadura y que ya hemos comentado, la principal conclusión que obtuvimos fue que el sobrepeso infantil se debía, fundamentalmente, al sedentarismo y no tanto al exceso de alimentos.

El genotipo motor y el sedentarismo

Desde siempre, en todos los trabajos de investigación, se ha considerado al sedentarismo como la condición basal, control, y al ejercicio físico como la condición experimental, la adaptación. Sin embargo, si tenemos en cuenta las propuestas de la medicina darwiniana, la condición basal natural de la especie humana sería la actividad física continua y de una cierta intensidad; bajo estas condiciones los sistemas enzimáticos y transportadores que hemos adquirido a lo largo de la evolución de nuestra especie (genotipo motor) funcionarían a pleno rendimiento. En este sentido, el sedentarismo seria un proceso carencial, de deficiencia, promotor de enfermedad. Un ejemplo que nos puede ayudar a asimilar este cambio radical en nuestra forma de pensar nos lo proporciona la hipertrofia cardíaca.

La hipertrofia cardíaca fisiológica, es decir, el aumento del tamaño del corazón que se logra mediante el entrenamiento deportivo, mejora el retorno venoso, el tiempo de llenado y el volumen minuto, la contractilidad cardiaca y mejora la utilización del oxígeno por el miocardio. Esta hipertrofia fisiológica de las células del corazón (los miocitos) no se explica exclusivamente por una influencia genética, sino mas bien es atribuible a la naturaleza plástica del tejido cardiaco y a las influencias de un entorno cambiante y dinámico. Como nuestros antepasados paleoliticos mantenían un elevado nivel de actividad física para poder sobrevivir, ellos deberían de presentar hipertrofia ventricular izquierda fisiológica y elevadas reservas cardíacas. Por eso se ha propuesto que el corazón normal, control, es el fenotipo físicamente activo. En lugar de considerar a la hipertrofia cardiaca fisiológica como una adaptación al ejercicio, es más exacto considerar al corazón atrófico como un descondicionamiento cardiaco debido al sedentarismo. El verdadero grupo control sería el corazón paleolítico, físicamente activo. Por esto, ya que la condición natural del *Homo sapiens sapiens* es la actividad física constante, desde este punto de vista darwiniano el sedentarismo debe ser considerado como una enfermedad carencial, que se cura con la práctica habitual de ejercicio físico.

De manera similar a lo que ocurrió durante nuestra evolución con los genes que controlan el metabolismo (genotipo ahorrador), la evolución también ha favorecido la aparición de determinadas mutaciones (SNP) que afectan a la eficacia de la contracción muscular, sobre todo bajo las peores condiciones nutricionales. La supervivencia de nuestros ancestros exigía la posibilidad de contracciones musculares eficientes durante deficientes situaciones metabólicas. En las grandes sequías, cuando escaseaba el alimento, se incrementaba el gasto muscular necesario para encontrar la comida. Un músculo capaz de trabajar en condiciones de penuria energética era más eficaz para encontrar el alimento necesario. Por eso nuestros ancestros tuvieron que acumular una serie de mutaciones que promovían estas proezas y que permitían una forma de vida con un elevado y constante nivel de actividad física. Algunos de estos alelos favorecen el tamaño muscular controlando el número de miofibrillas (gen de la actina α) o son promotores de hipertrofia (calcineurina). Otros favorecen el aporte de substratos energéticos para permitir una contracción eficiente, bien favoreciendo la entrada de glucosa al músculo (GLUT 4) o su metabolismo (hexoquinasa). Y finalmente genes que adaptan la contracción muscular en periodos de escasez de combustibles como los reguladores (AMP kinasa y P70s6K).

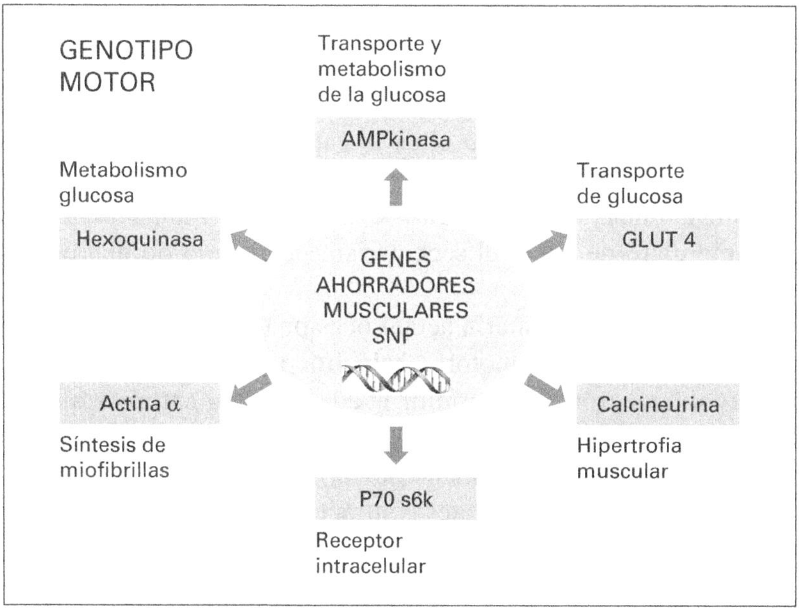

FIGURA 9.2. Los genes ahorradores motores

Se han caracterizado y son susceptibles de determinación en cualquier laboratorio de genética algunas mutaciones de un solo nucleótido (SNP) en genes que controlan la eficiencia de la contracción muscular y que forman parte del llamado «genotipo ahorrador». En la figura se nombran los genes por la proteína que codifican y la función que esta ejerce en relación al metabolismo muscular y a sus características contráctiles.

Es posible que los seres humanos tengamos el requerimiento de superar un cierto umbral de actividad física para mantener el normal funcionamiento de nuestros sistemas homeostáticos. Neel, el creador del concepto de genotipo ahorrador, denomina a este proceso «síndromes por fallo de homeostasis genética», los períodos de inactividad física crónicos, impedirían la expresión de determinados genes y apagarían algunos elementos del balance homeostático de la energía, que ocasionaría una disfunción fisiológica primero y que a la larga podría conducir a la enfermedad. Un ejemplo claro es el gen que regula la expresión del transportador GLUT 4. Esta proteína permite el transporte de glucosa al interior de la célula muscular para que pueda ser metabolizada y producir energía para la contracción. Está bien demostrado que la trascripción de GLUT 4, y los niveles de mRNA están disminuidos en los individuos sedentarios. En ellos la capacidad de metabolizar la glucosa por el músculo está disminuida, lo que tiene repercusiones metabólicas negativas para el resto del organismo. Es un ejemplo claro de cómo el sedentarismo reduce la normal expresión de un gen.

Nuestra vida sedentaria actual ocasiona una expresión inadecuada de estos genes motores paleolíticos. Cuando estos alelos que evolucionaron para permitir la adaptación a entornos que requerían de grandes esfuerzos físicos para sobrevivir, se enfrentan al sedentarismo del ser humano moderno, ocasionan una inactividad de las rutas y propiedades contráctiles que promueven y esto es lo que ocasiona a la larga, una deficiente salud y reducen la longevidad.

Relación entre sedentarismo y alimentación

El que se redujera nuestra masa muscular y el que disminuyera nuestra capacidad física agrava los efectos de la alimentación hipercalórica rica en grasas saturadas y azúcares. La utilización de la energía en el ser humano puede ser expresada por una sencilla ecuación:

Energía ingerida = Energía gastada + Energía almacenada.

Si se reduce el gasto energético (sedentarismo) y se aumenta la ingestión de energía (alimentación excesiva) el exceso de energía resultante inexcusablemente se almacena en forma de grasa.

El cuerpo humano está sometido a las Leyes de la Termodinámica, mal que les pese a los vendedores de remedios mágicos para adelgazar. Los requerimientos de ingestión de energía en el habitante de una sociedad industrial están en torno a las 32 kcal/kg de peso/día, mientras que en los cazadores recolectores actuales (y probablemente también en los cromañones) es de 50 kcal/kg de peso/día. En el hombre moderno el gasto por actividad física se ha reducido sustancialmente; esto favorece que se incremente la cantidad de energía almacenada como grasa y se potencie la obesidad. Además, hay que tener en cuenta los cambios fenotípicos resultantes del sedentarismo, como son disminución del tamaño y la fuerza muscular (sarcopenia), mayor resistencia a la insulina a nivel muscular, menor capacidad de respuesta cardiovascular y aceleración de la pérdida de masa ósea (osteoporosis). Y muchas más.

Debemos movernos como los cromañones

Si no podemos salir a cazar nuestra comida o a buscar el alimento recolectando raíces en el campo o si ante una agresión, un disgusto, o una preocupación no podemos ni huir, ni luchar, tendremos que encontrar la forma de ponernos en paz con nuestro diseño en estos aspectos.

La solución es la realización de algún ejercicio diario, aunque sea a destiempo. Si corremos o caminamos durante una hora, moveremos masa muscular suficiente como para compensar la que no hemos movido durante el día. Cualquier ejercicio o deporte valen, pues todo es mejor que estarse quieto; nuestros músculos pueden consumir por la tarde la energía que hemos movilizado con el enfado de la mañana en la oficina, o la energía que hemos acumulado en el atracón de la comida del mediodía. Es indudable que la actividad más saludable es la que nos aproxima más al ejercicio físico que realizaban nuestros ancestros: los ejercicios de moderada intensidad y larga duración. Por ejemplo, caminar una hora diaria a buen ritmo, trotar durante una hora o cuarenta minutos o alternar trotar y correr. Nadar de vez en cuando, ejecutar tablas de gimnasia o ejercicios de musculación. Cualquiera de estos ejercicios programados como se debe, previa revisión médica y aconsejados por un experto, ejerce un enorme beneficio para nuestra salud porque nos sintonizan con nuestro diseño. Y en último caso una recomendación que para muchas personas es muy útil: colóquense cada mañana, nada más levantarse, un cuenta pasos. Llévenlo puesto todo el día y nunca se acuesten si no marca, al menos doce mil pasos. Eso indica que, aproximadamente, habrán caminado en el día unos seis kilómetros.

Dado que la protagonista de este libro es la insulinorresistencia y sus consecuencias, conviene reiterar la relación que existe entre ejercicio físico e insulinorresistencia. Es bien conocido que el aumento de la forma física (el «fitness») aumenta la sensibilidad a la insulina y, por lo tanto, combate la insulinorresistencia. Uno de los mecanismos implicados es que el ejercicio realizado mediante una adecuada programación (entrenamiento) produce un aumento de la masa muscular que contrarresta la resistencia que pueda existir a la acción de la insulina sobre esas células musculares. También el ejercicio físico aumenta la expresión de los transportadores de glucosa (GLUT 4) en las células musculares.

La obesidad, la madre de todas las enfermedades de la opulencia

Nuestra evolución, una vez abandonamos el bosque lujurioso, se ha caracterizado por el hambre y la dificultad de conseguir alimentos. Nuestro organismo está diseñado para ingerir los nutrientes que precisa y para acumular una pequeña reserva de grasa que le permita sobrevivir a los períodos de hambruna. Por eso, ahora que vivimos en una época de abundancia permanente de alimentos, debemos limitar su consumo. Hay que ajustar la ingestión de alimentos a nuestras necesidades energéticas de tal forma que tengamos el peso que nos corresponda según edad, sexo y altura. Ya hemos indicado cómo podemos valorar si nuestro peso es el correcto mediante el llamado Índice de Masa Corporal (IMC), que se calcula dividiendo nuestro peso en kilogramos por nuestra talla en metros, elevada al cuadrado. Si el valor que se obtiene es inferior a 25 kg/m^2, el peso o masa corporal es normal.

Debemos señalar que ahora se está produciendo un hecho sorprendente en nuestra historia evolutiva; uno más. En los diez millones de años de evolución, tanto en el *Ardipithecus ramidus* como en los *Australopithecus*, todos los representantes del género *Homo* y hasta el *Homo sapiens sapiens*, la preocupación fue siempre ganar peso, ingerir los alimentos necesarios para mantener una masa grasa que les permitiera sobrevivir en las difíciles condiciones de vida que sufrieron. Hoy, por primera vez en millones de años de evolución, la preocupación del ser humano es perder peso, lo que constituye un enorme contrasentido evolutivo.

La obesidad y los genes ahorradores

Ya hemos comentado que la prevalencia de los genes ahorradores en los seres humanos es muy variable y depende, en gran parte, del grupo poblacional que consideremos. En la población europea y en general en la población caucásica, el genotipo ahorrador suele afectar a un 30 o 40 por 100 de personas. Pero en relación a la obesidad se pueden dar tres circunstancias que conviene conocer.

1. Los que han heredado pocos genes ahorradores.
Algunos individuos heredan solo unos pocos genes ahorradores; su organismo no tiene gran tendencia a acumular reservar grasas y el metabolismo es muy activo. Estas personas siempre están delgadas, coman lo que coman, para envidia de amigos y familiares. Si engordan, por cualquier circunstancia, pueden recuperar el peso normal con facilidad sólo con algo de dieta y ejercicio físico.

2. Los que han heredado el Genotipo ahorrador al completo.
Algunos individuos heredan todos los alelos que constituyen el genotipo ahorrador; su organismo tiene una enorme eficacia para acumular grasa y su bajo metabolismo hace que sea muy difícil perder el exceso de energía acumulada. Estos individuos siempre están gordos, hagan lo que hagan. Perder los kilos que le sobran es para ellos misión imposible. La experiencia enseña que en ellos el tratamiento es ineficaz incluso asociando dieta, ejercicio físico y medicación específica. Hoy día se les está tratando mediante la cirugía bariátrica, mediante reducciones gástricas o intestinales o los balones intragástricos. Claro que estas medidas deben ir acompañadas de un plan dietético, el apoyo psicológico y la supervisión del endocrinólogo.

3. Los que han heredado una cantidad variable de genes ahorradores.
Entre los dos extremos está la mayoría de la población, que muestra una campana de Gauss respecto al número de genes ahorradores que porta en su genoma. Este hecho explica la enorme variabilidad que existe en la población respecto a la facilidad para engordar y las diferentes respuestas a los tratamientos. En estos individuos,

hoy día se realizan análisis genéticos para determinar cuáles son las SNP ahorradoras heredadas y aplicar así un tratamiento más específico a su obesidad. Ya se comienza a disponer de fármacos que pueden influir en la expresión de un gen ahorrador, o en paliar sus consecuencias negativas. Estas medidas específicas pueden resultar eficaces, siempre que se acompañen de la norma general, que es ponerse en paz con nuestro diseño evolutivo mediante el cambio en el estilo de vida, un plan de alimentación y el ejercicio físico.

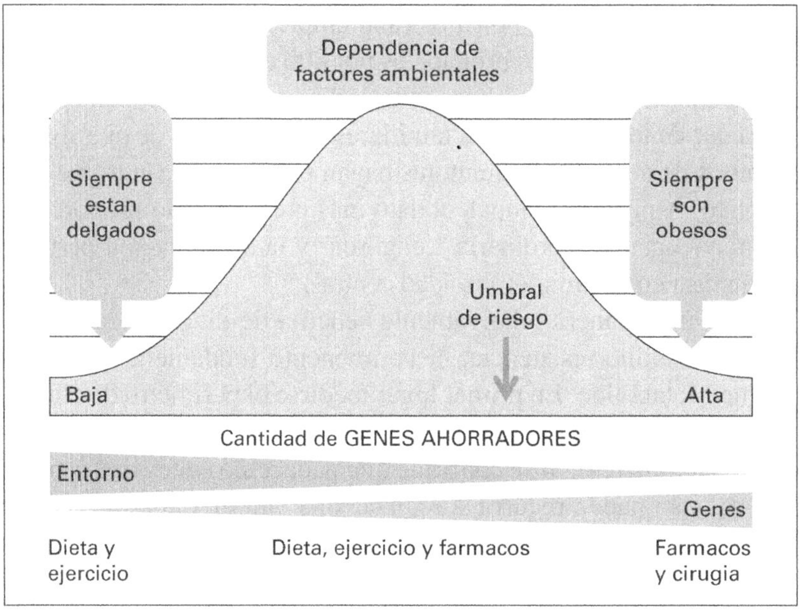

FIGURA 9.3. Distribución de los genes ahorradores en la población y sus consecuencias

Aquellos que han heredado pocos genes ahorradores casi siempre están delgados y si precisan adelgazar, normalmente lo logran fácilmente con dieta y ejercicio físico. Una gran parte de la población ha heredado cantidades variables de genes ahorradores, lo que explica la heterogeneidad de las respuestas al tratamiento de la obesidad. Aquellos que superan el umbral de riesgo y han heredado una gran cantidad de genes ahorradores, casi siempre son obesos, hagan lo que hagan, y les resulta muy difícil recuperar su peso normal con medidas terapéuticas convencionales.

¿Quién se encuentra en la zona de peligro?

Todos estamos expuestos a las consecuencias negativas para nuestra salud que se producen cuando nuestra forma de vida nos aleja de nuestro diseño evolutivo. Pero mientras unos ven el peligro en la lejanía, otros ya están al borde del precipicio. ¿Cuáles son las señales?

Aún los análisis genéticos no están al alcance de todos los ciudadanos, ni de todos los bolsillos (una empresa española analiza los once alelos ahorradores principales por 800 euros). Por el momento nos vemos obligados a utilizar datos indirectos. Una sospecha puede proceder de los antecedentes familiares: tal es el caso de que alguno o ambos de nuestros progenitores hayan padecido el Síndrome Metabólico. A nivel individual, el dato más precoz nos lo proporciona una tendencia extraordinaria a engordar y la acumulación pertinaz de la grasa en la cintura (obesidad central).

Hay una manera relativamente sencilla de diagnosticar si uno padece insulinorresistencia, el componente fundamental del Síndrome Metabólico. En primer lugar medirse el perímetro de cintura para ver si se padece obesidad central (más de 102 cm en hombres y 88 cm en mujeres). Si se confirma que padecemos obesidad central, entonces se puede recurrir a realizar una valoración indirecta del grado de resistencia a la insulina, a través de una de sus consecuencias más inmediatas, como es la hiperinsulinemia que se produce en los individuos insulinorresistentes. Esta prueba (Test de HOMA) se puede realizar en cualquier laboratorio clínico capacitado para determinar los niveles de insulina en sangre.

Lo definitivo para el diagnóstico de Síndrome Metabólico es la aparición de cualquiera de sus manifestaciones clínicas. La primera en presentarse muy precozmente suele ser, como venimos insistiendo, la obesidad central, con acumulación de grasa en la barriga; este es el momento ideal para actuar cambiando de estilo de vida y de alimentación. Si no nos cuidamos, a la obesidad se van añadiendo

1. Obesidad abdominal	IMC (kg/m2) mayor de 30 PC (cm) más de 102 en hombre y de 88 en mujer
2. Dislipemia	C-HDL (mg/dL) menos de 40 en hombre y de 50 en mujer TG (mg/dL) más de 150 Estar en tratamiento por este motivo
3. Hipertension	PA (mmHg) sistólica 130 y diastólica 85 Estar en tratamiento por este motivo
4. Hiperglucemia	GB (mg/dL) más de 100 Estar en tratamiento por este motivo

IMC es el Índice de Masa Corporal; PC es el Perímetro de Cintura; C-HDL es el llamado Colesterol Bueno; TG son los Triglicéridos; PA es la Presión Arterial; GB es la glucemia basal en ayunas.

TABLA 9.1 ¿Quién padece Síndrome Metabólico?

El diagnóstico de Síndrome Metabólico se establece cuando el paciente presenta al menos tres de las condiciones que se listan en el recuadro.

la hipertensión o las alteraciones de la glucosa en sangre (diabetes), o las alteraciones en los niveles sanguíneos de colesterol y de triglicéridos (dislipemia); en esta fase, con sólo dos manifestaciones y una de ellas incipiente, aún estamos a tiempo de actuar con eficacia y contener la progresión del desorden metabólico a base de modificar nuestro estilo de vida. Cuando se juntan tres de las manifestaciones características, el diagnóstico de Síndrome Metabólico es indudable; en estas condiciones también es importante adoptar medidas de cambio de estilo de vida y alimentación, pero ya el tratamiento requerirá obligatoriamente la utilización de fármacos, según prescriba el especialista.

Para saber más

Algunas visiones generales sobre las implicaciones actuales de la alimentación y su relación con la evolución son:

M. Nestle, «Animal v. plant food in human diet and health: is the historical record unequivocal?», *Proceeding of the Nutrition Society*, 58, 1999, pp. 211-218.

A. Mariani-Costanini, «Natural and cultural influences on the evolution of the human diet: background of the multifactorial processes that shaped the eating habits of western societies», *Nutrition*, 16, 2000, pp. 483-486.

B. Bogin, «From caveman cuisine to fast food: the evolution of human nutrition», *Growth hormone and IGF Research*, 8, 1998, pp. 79-86.

W. R. Leonard, «Incidencia de la dieta en la hominización», *Investigación y Ciencia*, febrero 2003.

Sobre los efectos beneficiosos del ejercicio:

M. H. Whaley, J. B. Kampert, H. W. Kohl, S. N. Blair, «Physical fitness and clustering of risk factors associated with the metabolic syndrome», *Medicine and Science of Sports and Exercise*, 31, 1999, pp. 287-293.

N. L. Jones, K. J. Killian, «Exercise limitation in health and disease», *New England Journal of Medicine*, 343, 2000, pp. 632-641.

S. Liu, J. E. Manson, «Dietary carbohidrates, physical inactivity, obesity and the metabolic syndrome as predictors of coronary heart disease», *Current Opinion Lipidology*, 4, 2001, pp. 395-404.

F. W. Booth, M. V. Chakravarty y E. E. Spangenburg, «Exercise and gene expression: physiological regulation of the human genome through physical activity», *Journal of Physiology*, 543, 2002, pp. 399-411.

F.W. Booth y P.D. Neufer. «Execise controls gene expression», *American Scientist*, 93, 2005, pp. 28-35.

S. Lindeberg, T. Jönsson, Y. Granfeldt, E. Borgstrand, J. Soffman, K. Sjöström, y B. Ahrén, «A Palaeolithic diet improves glucose tolerance more than a Mediterranean-like diet in individuals with ischaemic heart disease», *Diabetologia*, 50, 2007, pp. 1.795-1.807.

K.S.Vimaleswaran y R.J. Loos. «Progress in the genetics of common obesity and type 2 diabetes», *Expert Review Molecular Medicine*, 26, 2010, pp. 12-17.

Hay numerosas páginas en Internet dedicadas a la alimentación prehistórica, a las que se accede mediante cualquier buscador. Recomiendo su visita a los lectores interesados. Destaco los siguientes: http://www.edcritica.es, el artículo de S. B. Eaton, «S. B. Eaton III, Evolution, diet and health», en www.paleonutrition.com, 2003, y el e-mail: elmonoobeso@hotmail.com.

Índice alfabético

Índice